全国高等院校土建类应用型规划教材

住房和城乡建设领域关键岗位技术人员培训教材

工程建设标准化及管理

《住房和城乡建设领域关键岗位
技术人员培训教材》编写委员会 编

主　　编：董　君　林　丽

副主编：刘启泓　柳献忠

组编单位：住房和城乡建设部干部学院
　　　　　北京土木建筑学会

U0323380

中国林业出版社

图书在版编目（CIP）数据

工程建设标准化及管理 /《住房和城乡建设领域关键岗位技术人员培训教材》编写委员会编. —北京：中国林业出版社，2018.12

住房和城乡建设领域关键岗位技术人员培训教材

ISBN 978-7-5038-9193-9

Ⅰ．①工… Ⅱ．①住… Ⅲ．①建筑工程－标准化管理－技术培训－教材 Ⅳ．①TU711

中国版本图书馆 CIP 数据核字（2017）第 171727 号

本书编写委员会

主　编：董　君　林　丽

副主编：刘启泓　柳献忠

组编单位：住房和城乡建设部干部学院　北京土木建筑学会

国家林业和草原局生态文明教材及林业高校教材建设项目

策　　划：杨长峰　纪　亮

责任编辑：陈　惠　王思源　吴　卉　樊　菲

出版：中国林业出版社

　　（100009 北京西城区德内大街刘海胡同 7 号）

网站：http://lycb.forestry.gov.cn/

印刷：固安县京平诚乾印刷有限公司

发行：中国林业出版社

电话：(010)83143610

版次：2018 年 12 月第 1 版

印次：2018 年 12 月第 1 次

开本：1/16

印张：9.25

字数：150 千字

定价：40.00 元

编写指导委员会

组编单位：住房和城乡建设部干部学院　北京土木建筑学会
名誉主任：单德启　骆中钊
主　　任：刘文君
副 主 任：刘增强
委　　员：许　科　陈英杰　项国平　吴　静　李双喜　谢　兵
　　　　　李建华　解振坤　张媛媛　阿布都热依木江·库尔班
　　　　　陈斯亮　梅剑平　朱　琳　陈英杰　王天琪　刘启泓
　　　　　柳献忠　饶　鑫　董　君　杨江妮　陈　哲　林　丽
　　　　　周振辉　孟远远　胡英盛　缪同强　张丹莉　陈　年
参编院校：清华大学建筑学院
　　　　　大连理工大学建筑学院
　　　　　山东工艺美术学院建筑与景观设计学院
　　　　　大连艺术学院
　　　　　南京林业大学
　　　　　西南林业大学
　　　　　新疆农业大学
　　　　　合肥工业大学
　　　　　长安大学建筑学院
　　　　　北京农学院
　　　　　西安思源学院建筑工程设计研究院
　　　　　江苏农林职业技术学院
　　　　　江西环境工程职业学院
　　　　　九州职业技术学院
　　　　　上海市城市科技学校
　　　　　南京高等职业技术学校
　　　　　四川建筑职业技术学院
　　　　　内蒙古职业技术学院
　　　　　山西建筑职业技术学院
　　　　　重庆建筑职业技术学院
策　　划：北京和易空间文化有限公司

前　言

"全国高等院校土建类应用型规划教材"是依据我国现行的规程规范，结合院校学生实际能力和就业特点，根据教学大纲及培养技术应用型人才的总目标来编写。本教材充分总结教学与实践经验，对基本理论的讲授以应用为目的，教学内容以必需、够用为度，突出实训、实例教学，紧跟时代和行业发展步伐，力求体现高职高专、应用型本科教育注重职业能力培养的特点。同时，本套书是结合最新颁布实施的《建筑工程施工质量验收统一标准》（GB50300—2013）对于建筑工程分部分项划分要求，以及国家、行业现行有效的专业技术标准规定，针对各专业应知识、应会和必须掌握的技术知识内容，按照"技术先进、经济适用、结合实际、系统全面、内容简洁、易学易懂"的原则，组织编制而成。

考虑到工程建设技术人员的分散性、流动性以及施工任务繁忙、学习时间少等实际情况，为适应新形势下工程建设领域的技术发展和教育培训的工作特点，一批长期从事建筑专业教育培训的教授、学者和有着丰富的一线施工经验的专业技术人员、专家，根据建筑施工企业最新的技术发展，结合国家及地方对于建筑施工企业和教学需要编制了这套可读性强，技术内容最新，知识系统、全面，适合不同层次、不同岗位技术人员学习，并与其工作需要相结合的教材。

本教材根据国家、行业及地方最新的标准、规范要求，结合了建筑工程技术人员和高校教学的实际，紧扣建筑施工新技术、新材料、新工艺、新产品、新标准的发展步伐，对涉及建筑施工的专业知识，进行了科学、合理的划分，由浅入深，重点突出。

本教材图文并茂，深入浅出，简繁得当，可作为应用型本科院校、高职高专院校土建类建筑工程、工程造价、建设监理、建筑设计技术等专业教材；也可作为面向建筑与市政工程施工现场关键岗位专业技术人员职业技能培训的教材。

目　　录

第一章　标准化基本知识…………………………………………… 1

第一节　基本概念…………………………………………………… 1

第二节　标准分类及标准化原理………………………………… 5

第三节　工程建设标准化对社会经济的作用…………………… 10

第二章　标准化管理体系与相关标准…………………………… 16

第一节　标准管理体系…………………………………………… 16

第二节　相关标准………………………………………………… 30

第三章　标准体系构建…………………………………………… 39

第一节　工程建设标准体系……………………………………… 39

第二节　企业标准体系…………………………………………… 60

第三节　企业标准制定…………………………………………… 66

第四章　标准的实施及监督……………………………………… 80

第一节　标准实施与检查概述…………………………………… 80

第二节　施工项目建设标准的实施计划………………………… 84

第三节　施工过程建设标准实施的监督检查…………………… 89

第四节　标准实施与监督管理主体……………………………… 93

第五节　工程建设标准规范实施监督检查……………………… 98

第六节　工程建设标准化的监督保障措施……………………… 100

第五章　工程建设标准强制性条文……………………………… 103

第一节　强制性条文基础知识…………………………………… 103

第二节　强制性条文的实施……………………………………… 109

第三节　强制性标准及强制性条文实施监督…………………… 112

第六章　标准实施情况记录及评价……………………………… 122

第一节　标准实施记录及评价类别与指标……………………… 122

　　第二节　标准实施状况评价 …………………………………… 126

　　第三节　标准实施效果及科学性评价 …………………………… 130

第七章　标准化信息管理 …………………………………………… 134

　　第一节　标准化信息管理的要求 ………………………………… 134

　　第二节　标准文献分类 …………………………………………… 136

第一章 标准化基本知识

第一节 基本概念

一、标准的概念

"标准"一词在我们日常生活中经常使用,作为判断事物好坏的"尺度"。随着科技进步,特别是工业化大生产的发展,"标准"的概念也不断具体化。近几十年来,国际标准化组织(ISO)和国际电工委员会(IEC)等权威机构曾多次通过发布指南的形式对标准化基本术语进行规范。2002年我国发布了国家标准《标准化工作指南第一部分:标准化和相关活动的通用词汇》(GB/T 2000.1—2002)对标准的定义的表述是:"为在一定的范围内获得最佳秩序,经协商一致制定并由公认机构批准,共同使用的和重复使用的一种规范性文件。"并注明:"标准宜以科学、技术和经验的综合成果为基础,以促进最佳的共同效益为目的。"世界贸易组织对标准的定义为:"由公认机构批准的,非强制性的,为了通用或反复使用的目的,为产品或相关生产方提供准则、指南或特性的文件。标准也可以包括或专门规定用于产品、加工或生产方法的术语、符号、包装标准或标签要求。"从标准的定义上可以看出,标准具有科学、协调和权威三个特性。

理解"标准"定义,应注重把握以下方面:

(1)是在一定范围内获得最佳秩序,有序化的目的是促进最佳的社会效益和经济效益。

(2)标准的实质是对一个特定的活动(过程)或者其结果(产品或输出)规定共同遵守和重复使用的规则、导则或特性文件,也即标准文件可以是规则或规范性文件,可以是导则性指南性文件,也可以是特定的特性规定。对不需要规定共同遵守和重复使用的规范性文件的活动和结果,没有必要制定标准。

(3)标准是"以科学、技术和实践经验的综合成果为基础"制定出来的,制定标准的基础是"综合成果",单纯的科学技术成果,如果没有经过综合研究、比较、选择、分析其在实践活动中的可行性、合理性或没有经过实践检验,是不能纳入标准之中的。

（4）制定标准必须使相关方协调一致做到基本同意，但协商一致并不意味着没有"异议"，也就是说，在制定标准的过程中涉及的各个方面对标准中规定的内容需要经过协调，形成统一的各方均可接受的意见，保证标准的全局观、社会观和公正性，使标准有更强的生命力。经一个公认权威机构批准发布是要保证标准的权威性，这里"公认机构"是社会公认的或由国家授权的、有特定任务的、法定的组织机构或管理机构。经过该机构对标准制定的过程、内容进行审查确认标准的科学性、可行性。以规范性文件的形式批准发布保证了标准的严肃性。

二、标准化的概念

国家标准《标准化工作指南第一部分：标准化和相关活动的通用词汇》（GB/T 2000.1—2002）对标准化的定义的表述是："为在一定范围内获得最佳秩序，对现实问题或潜在问题制定共同使用和重复使用的条款的活动。"并注明："注 1：上述活动主要包括编制、发布、实施标准的过程。注 2：标准化主要作用在于为了其预期目的改进产品、过程或服务的适用性，防止贸易壁垒，并促进技术合作。"

"标准化"定义，要明确理解以下要点：

（1）标准化是指一项活动，活动内容是制定、发布和实施标准。并且标准化是一个相对动态的概念，无论一项标准还是一个标准体系，都随着时代的发展向更深层次和广度变化发展，比如在当时条件下，制定的一项标准，随着技术进步，一定时期之后可能不再适用于工程建设，需要修订不适用的标准，标准体系也一样，需要不断完善和提高。标准没有最终成果，标准在深度上无止境、广度上无极限，成为标准化的动态特征。

（2）标准化的目的是"为在一定范围内获得最佳秩序"，就是要增加标准化对象的有序化程度，防止其无序化发展。著名日本学者松蒲四郎在《工业标准化原理》一书中对标准的目的有过阐述"在人类社会中也存在着自发的多样化趋势，为了制止这种导致混乱的如浪费资源的不必要的多样化，标准化就是为了建立一种秩序，使标准化对象的运行纳入有序化的轨道，为人类创造利益"。可以说，标准化活动就是人们从无序状态恢复有序状态所做的努力，建立市场的最佳秩序，生产、服务不断优化，使得资源合理配备，有限的投入获得期望的产出，这是社会发展永恒的主题。

（3）标准化的本质是"统一"，是对重复性事物和概念做出共同遵循和重复使用的规则的活动。标准化是事物某方面属性以标准为参考依据，在某种作用力的影响下，不断接近标准，最终与标准形成一致的过程。因此，事物一旦在某方面实现标准化,必然会产生统一的结果,一方面是事物在该方面属性与标准统一;另一方面是标准化对象的多个个体之间在该方面属性实现统一。从标准化经验上来说,首先要做到概念的统一,才能做到事物的统一,这也是在制定标准时,首先要对标准中涉及的关键的名词术语下定义的原因。

三、工程建设标准和工程建设标准化的基本概念

工程建设标准是针对工程建设活动所制定的标准,根据国家标准《标准化工作指南第一部分:标准化和相关活动的通用词汇》(GB/T 2000.1—2002)中对标准的定义,工程建设标准可以定义为:为在工程建设领域内获得最佳秩序,经协商一致制定并经一个公认机构批准,对建设活动或其结果规定共同的和重复使用的规则、导则或特性的文件,该文件以科学、技术和实践经验的综合成果为基础,以促进最佳社会效益为目的。

相应的工程建设标准化可以定义为:为在工程建设领域内获得最佳秩序,对实际的或潜在的问题制定共同的和重复使用的规则的活动。

工程建设标准和标准化应当说是标准和标准化的一个重要组成部分,也可以说是标准和标准化在工程建设领域的具体表现,其概念上的唯一区别在于标准或标准化范围的限定上。

工程建设标准化的对象是指各类工程建设活动全过程中,具有重复特性的或需要共同遵守的事项。具体包括三个方面:

(1)从工程类别上看,其对象包括房屋建筑、市政、公路、铁路、水运、航空、电力、石油、化工、水利、轻工、机械、纺织、林业、矿业、冶金、通讯、人防等工程;

(2)从建设程序上看,其对象包括勘察、规划、设计、施工、安装、验收、鉴定、维护、加固等多个环节;

(3)从需要统一的内容上看,包括下列几点:

1)工程建设勘察、规划、设计、施工及验收等的技术要求;

2)工程建设的术语、符号、代号、量与单位、建筑模数和制图方法;

3)工程建设中的有关安全、卫生、环保的技术要求;

4)工程建设的试验、检验和评定等的方法;

5)工程建设的信息技术要求;

6)工程建设的管理技术要求等。

四、工程建设标准体系的概念

随着经济发展和社会进步,建设工程向着单体大型化、功能多样化发展,对于工程建设标准化工作来说,标准化对象越来越复杂,加上完成工程建设任

务的技术、产品的多样性，要在工程建设领域实现标准化目标，需要制定大量的标准，而且每一项标准并不是孤立的，存在着相互联系，构成一个整体，即标准体系。

国家标准《标准体系表编制原则和要求》(GB/T 13016—2009)对标准体系的定义是："一定范围内的标准按其内在联系形成的科学的有机整体。"

"一定范围"是指标准所覆盖的范围，比如企业标准体系的范围是企业范围内的标准，地基施工标准体系的范围仅是地基施工范围内的标准。"内在联系"包括三种形式，一是系统联系，也就是各分系统之间及分系统与子系统之间存在的相互依赖又相互制约的联系；二是上下层次联系，即共性与个性的联系；三是左右之间的联系，即相互统一协调、衔接配套的联系。"科学的有机整体"是指为实现某一特定目的而形成的整体，它不是简单的叠加，而是根据标准的基本要素和内在联系所组成的，具有一定集合程度和水平的整体结构。

标准体系具有以下特征：

(1)目的性

确定一个标准体系应是围绕着一个特定的标准化目的而形成的。如企业的标准体系就是围绕企业生产经营活动，以提高效率、保障安全质量、增加效益为目的而建立的，标准体系的目的决定了由哪些标准来构成体系，以及体系范围的大小，而且还决定了组成该体系的各标准以何种方式发生联系。

(2)整体性

标准体系是由一整套相互联系、相互制约的标准组合而成的有机整体，具有整体性功能，体系中每一项标准都起着别的标准所不能替代的作用，每一项标准都是不可缺少的。

(3)协调性

标准体系内的标准在相关的内容方面相互衔接和互为条件的协调发展。

(4)动态性

标准体系是一个动态的系统，随着外部条件的改变而产生变化，比如技术进步，会促进标准的发展和更新。

工程建设标准体系是工程建设某一领域的所有工程建设标准，相互依存、相互制约、相互补充和衔接，构成一个科学的有机整体，这就是工程建设标准的体系。与工程建设某一专业有关的标准，可以构成该专业的工程建设标准体系。与某一工程建设行业有关的标准，可以构成该行业的工程建设标准体系。以实现全国工程建设标准化为目的的所有标准，形成了全国工程建设标准体系。

标准体系是以标准体系表的形式体现出来，就是用图和表来表达标准体系的层次结构及其全部标准名称的一种形式。

第二节　标准分类及标准化原理

一、标准分类

标准化工作是一项复杂的系统工程,标准为适应不同的要求而构成一个庞大而复杂的系统,我们可以从不同的角度和属性对标准进行分类。

1. 根据适用范围分类

根据《标准化法》的规定,我国标准分为国家标准、行业标准、地方标准、企业标准四类。

(1)国家标准

需要在全国范围内统一的技术要求,由国务院标准化主管部门制定的标准,称为国家标准。工程建设国家标准由国务院住房和城乡建设主管部门组织编制并批准,与标准化主管部门联合发布。

国家标准的编号由国家标准代号、标准顺序号和发布年代号组成,国家标准的代号由大写的汉语拼音字母 GB 或 GB/T 构成,工程建设标准的顺序号从50000 开始。

(2)行业标准

需要在某个行业范围内统一的技术要求,有国务院行业主管部门制定的标准,称为行业标准。工程建设行业标准由国务院住房和城乡建设主管部门组织编制并批准发布。

行业标准的编号由行业标准代号、标准顺序号和年代号组成,行业标准代号根据我国行业划分统一确定,建筑工程行业标准代号城镇建设行业标准代号 CJJ。

(3)地方标准

没有国家标准、行业标准而又需要在省、自治区、直辖市范围内统一的技术要求,由地方主管部门组织制定并批准发布的标准,称为地方标准。

地方标准的编号由地方标准代号、标准顺序号和年代号组成,地方标准代号为汉语拼音 DB,加上省、自治区、直辖市行政区划代码前两位数字,组成地方标准代码。

(4)企业标准

企业自行制定的作为内部生产经营依据的标准,称为企业标准。企业标准发布实施后需在省、自治区、直辖市主管部门备案。

企业标准的编号由企业标准代号、标准顺序号和发布年代号组成,企业标准代号由汉语拼音 Q 加斜线再加企业代号组成。

2. 根据标准属性分类

标准属性是指标准的法律属性,即标准的强制效力,根据《标准化法》规定,我国标准按照效力分为强制性和推荐性标准,但不包括企业标准。

(1)强制性标准

我国《标准化法》规定,保障人体健康,人身、财产安全的标准和法律、行政法规规定强制执行的标准是强制性标准。同时规定,强制性标准必须执行。对于工程建设标准,《实施工程建设强制性标准监督规定》(建设部令第 81 号)明确规定,工程建设强制性标准是指直接涉及工程质量、安全、卫生及环境保护等方面工程建设标准强制性条文。

强制性标准的代号为:国家标准"GB",行业标准"JGJ(行业代号)"。工程建设标准强制性条文为标准文本中黑体字的条款。

(2)推荐性标准

我国《标准化法》规定,除强制性标准以外,其他标准为推荐性标准。推荐性标准,国家鼓励企业自愿采用。

推荐性标准的代号为:国家标准"GB/T",行业标准"JGJ/T(行业代号)"。工程建设标准文本中除去黑体字的条款均为推荐性条款。

3. 根据标准的性质分类

标准按照性质可分为技术标准、管理标准和经济标准。

(1)技术标准

对标准化领域中需要协调统一的技术事项而制定的标准,主要内容是技术性内容,包括工程设计方法、施工操作规程、材料的检验方法等。

(2)管理标准

对标准化领域需要协调统一的管理事项所制定的标准。主要规定生产活动中参加单位配备人员的结构、职责权限,管理过程、方法,管理程序要求以及资源分配等事宜,它是合理组织生产活动、正确处理工作关系、提高生产效率的依据。

(3)经济标准

对标准化领域需要协调统一的经济方面的事项所制定的标准,在工程建设领域主要规范工程建设过程中的经济活动,用以规定或衡量工程的经济性能和造价等,例如工程概算、预算定额、工程造价指标、投资估算定额等。

4. 根据标准化对象的作用分类

根据标准化对象分类,种类相当多,而且标准化的方法也不尽相同,无法用一个固定的尺度进行划分。在工程建设标准化领域,通常采用的有两种方法,一是按标准对象的专业属性进行分类,这种分类方法,目前一般应用在确立标准体系方面。二是按标准对象本身的特性进行分类,一般分为基础标准,方法标准,安全、卫生和环境保护标准,综合性标准,质量标准等。

（1）基础标准

基础标准是指在一定范围内作为其他标准制定、执行的基础而普遍使用,并具有广泛指导意义的标准。基础标准一般包括:

1）技术语言标准,例如术语、符号、代号标准、制图方法标准等;

2）互换配合标准,例如建筑模数标准;

3）技术通用标准,即对技术工作和标准化工作规定的需要共同遵守的标准,例如工程结构可靠度设计统一标准等。

（2）方法标准

方法标准是指以工程建设中的试验、检验、分析、抽样、评定、计算、统计、测定、作业等方法为对象制定的标准,比如建筑工程中的各种试验方法标准。它是实施工程建设标准的重要手段,对于推广先进方法,保证工程建设标准执行结果的准确一致,具有重要的作用。

（3）安全、卫生和环境保护的标准

它是指工程建设中为保护人体健康、人身和财产的安全,保护环境等而制定的标准。一般包括"三废"排放、防止噪声、抗震、防火、防爆、防振等方面。

（4）质量标准

它是指为保证工程建设各环节最终成果的质量,以技术上需要确定的方法、参数、指标等为对象而制定的标准。例如设计方案优化条件、工程施工中允许的偏差、勘察报告的内容和深度等。在工程建设标准中,单独的质量标准所占的比重比较小,但它作为标准的一个类别,将会随着工程建设标准化工作的深入发展和标准体系的改革而变得更加显著。例如目前正在组织编制的工程验收系列标准等。

（5）综合性标准

它是指以上几类标准的两种或若干种的内容为对象而制定的标准。综合性标准在工程建设标准中所占的比重比较大,一般来说勘察、规划、设计、施工及验收等方面的标准规范,都属于综合性标准的范畴。例如《钢结构施工及验收规范》,其内容包括术语、材料、施工方法、施工质量要求、检验方法和要求等。其中,既有基础标准、方法标准的内容,又包括了质量保证方面的内容等。

二、标准化原理

标准化原理是人们在长期的标准化实践工作中不断研究、探讨和总结,揭示标准化活动的规律,是指导人们标准化实践活动的基础和工作原则。当前,普遍认可的标准基本原理包括"简化""统一""协调""择优",这也是标准化工作的方针。

1. 简化原理

简化就是在一定范围内,精简标准化对象(事物或概念)的类型数目,以合理的数量、类型在既定的时间空间范围内满足一般需要的一种标准化形式与原则。简化特别是针对多样性的标准化对象,要消除多余的、重复的和低功能的部分,以保持其结构精炼、合理,并使其总体功能优化。如建筑构配件规格品种的简化、设计计算方法的简化,施工工艺的简化,技术参数的简化等。

简化做得好可以得到很明显的效果,特别是专业化、工业化、规模化生产的条件下,其效果更加显著。但做不好会适得其反,阻碍技术进步和经济发展。因此,在标准化工作中要运用好简化原理。

简化原理可描述为:具有同种功能的标准化对象,当其多样性的发展规模超出了必要的范围时,即应消除其中多余的、可替换的和低功能的环节,保持其构成的精炼、合理,使总体功能最佳。

在实际标准化工作中,运用简化原理要把握两个界限:

(1)简化的必要性界限

当多样性形成差异且良莠混杂、繁简并存,与客观实际的需要相左或已经超过了客观实际的需要程度时,即多样性的发展规模超出了必要的范围时,应当对其进行必要的简化。可采取弃莠择良、删繁取简、去粗取精、归纳提炼的方法,即消除其中多余的、可替换的和低功能的环节,实现简化。

(2)简化的合理性界限

简化的合理性,就是通过简化达到"总体功能最佳"的目标,"总体"是指简化对象的总体构成,"最佳"是从全局看效果最佳,是衡量简化是否"精炼、合理"的标准,需要运用最优化的方法和系统的方法综合分析。

2. 统一原理

统一就是把同类事物两种以上的表现形式归并为一种,或限定在一个范围内的标准化形式,统一的实质是使标准化对象的形式、功能(效用)或其他技术特征具有一致性,并把这种一致性通过标准确定下来。

统一原理可描述为:一定时期,一定条件下,对标准化对象的形式、功能或其他技术特征所确立的一致性,应与被取代的事物功能等效。

运用统一化原理,要把握以下原则:

(1)适时原则

"适时"原则就是提出统一规定的时机要选准,在统一前,标准化的对象要发展到一定的规模,形式要多样,进行"统一"要确保达到最优化的效果,要有利于新技术的发展,还要有利于标准化工作的开展。

(2)适度原则

统一要适度,就是要合理确定统一化的范围和指标水平。要规定哪些方面必须统一,哪些方面不做统一,哪些统一要严格,哪些统一要留有余地,而且必须恰当地规定每项要求的数量界限。

(3)等效原则

等效就是把同类事物的两种以上表现形态归并为一种(或限定在一个特定的范围)时,被确定的一致性与被取代的食物和概念之间必须具有功能上的可替代性。就是说,当众多的标准化对象中确定一种而淘汰其余时,被确定的对象所具备的功能应包含被淘汰对象所具备的功能。

3. 协调原理

协调是针对标准体系。所谓协调,要使标准内各技术要素之间、标准与标准之间、标准与标准体系之间的关联、配合科学合理,使标准体系在一定时期内保持相对平衡和稳定,充分发挥标准体系的整体效果,取得最佳效果。

协调原理可以表述为:在标准体系中,只有当各个标准之间的功能和作用效果彼此协调时,才能实现整体系统的功能最佳。

标准化工作中重点做好以下三方面协调:

(1)标准内各技术要素的协调

标准制定过程就是协调的过程,是对众多技术方法、参数、要求等进行协调,形成统一的结果。另外,一项标准包含了多项技术方法、参数,规范不同的技术行为,这些方法、参数也需要相互协调,比如,建筑结构设计标准中包含了建筑材料性能的要求、结构设计方法的要求以及构造的规定,他们之间需要相互协调。

(2)相关标准之间的协调

就是同一个标准化对象,不同标准的标准之间的协调,比如一项建筑工程,包括了设计、施工、质量验收等环节,每个环节都有相关的标准,另外还有相关建筑材料性能的标准,这些标准之间都要相互协调一致,方能保证建筑工程建设活动正常开展。

(3)标准与标准体系之间的协调

随着技术的进步,标准体系也呈现出一种动态发展的趋势,不断会有新的标准补充到标准体系之中,原有的标准项目也要不断地修订完善。在这个发展的过程中,新增的标准要与标准体系中原有的标准项目相互协调。

4. 优化原理

标准化的最终目的是要取得最佳效益,能否达到这个目标,取决于一系列工作的质量。优化就是要求在标准化的一系列工作中,以"最佳效益"为核心,对各项技术方案不断进行优化,确保其最佳效益。

对于工程建设标准,进行优化一般是将不同的技术方案的技术可行性、管理的可行性及经济因素综合考虑,通过试设计或其他方式进行比选,使其优化。

第三节　工程建设标准化对社会经济的作用

一、工程建设标准的特点

工程建设标准规定了工程设计、施工方法和安全保护的统一的技术要求及有关工程建设的技术术语、符号、代号、制图方法的一般原则,是建设活动的技术准则,突出体现了技术政策性强、综合性强、受自然环境影响大等诸多特点。

1. 政策性强

工程建设标准是引导和落实国家节约资源、保护环境等一系列重大方针政策的有效手段,是保障社会利益和公众利益的根本措施。要充分发挥标准定额的引导和约束作用,把优化工程建设与转变发展方式、调整经济结构结合起来,把提高建设标准与节约环保、改善民生结合起来,把改进企业管理与规范经济秩序、增强市场竞争力结合起来,为经济社会又好又快发展提供优质高效的服务,在全面建设小康社会的进程中做出新的贡献。因此工程建设标准必须贯彻国家技术、经济政策,充分体现节能、节地、节水、节材、环保(即"四节一环保")的要求,充分体现以人为本的发展理念,充分体现经济合理、安全适用的技术政策。

其中,工程建设强制性标准作为工程建设的技术依据,是法律、法规实施的技术支撑和措施,是落实国家各项政策的工具,这一点充分体现了工程建设标准政策性强的特点,特别是工程建设强制性标准,内容上直接涉及工程质量、安全、卫生、环保等方面,这些内容无不体现国家的方针、政策。

2. 综合性强

建设工程是一项复杂的系统工程,经过环节多、涉及专业广。如为达到节能效果,建筑节能要经过规划设计、施工调试、运行管理、设备维护、设备更新、废物回收等一系列环节;在技术层面上涉及建筑围护结构的隔热保温、节能门窗、节能灯具、节能电器和可再生能源的利用等多学科。工程建设标准的制定不仅考虑技术条件,而且必须综合考虑经济条件和管理水平。妥善处理好技术、经济、管理水平三者之间的制约关系,综合分析,全面衡量,统筹兼顾,以求在可能条件下获取标准化的最佳效果,是制定工程建设技术标准的关键。

3. 受地理环境影响大

工程建设标准的制定,遵循因地制宜,统筹兼顾技术与经济、资源与环境的原则。我国地域广阔,东西部经济发展差异大,地质、气候、人文有很大不同,工程建设环境条件复杂,因此,工程建设标准的制定需要考虑经济上的合理性和可能性;需要结合工程的特点,考虑自然的差异;需要结合国情来制订与实施。工程建设地方标准是国家工程建设标准化的重要组成,在工程建设中,需要根据不同的条件和当地的建设经验,采用不同的技术措施,明确不同要求。

4. 阶段性突出

工程建设标准规范了工程建设的各个阶段,适用于全社会各行业的工程建设。通过工程建设各环节市场主体实施使用,最终作用于工程建设的前期阶段、建设阶段和运营维护阶段的全生命周期各阶段的活动。纵观全部工程建设标准,均是针对不同环节、不同市场主体、不同标准使用者加以制订。在城乡建设领域的规划环节,需要制订一系列规划标准;在勘察阶段,需制订相关勘察测量标准;在设计阶段,需制订大量工程设计标准;在施工阶段,需制订施工方法标准、试验、检验的标准和质量验收标准等。这些标准分别服务于不同阶段,具有明显的阶段性。

5. 影响投资大

工程建设标准是经济建设和项目投资的重要制度和依据。建设活动与交易的统一性决定了工程建设标准在经济技术决策方面的重要作用,项目建设前期的可行性研究、工程概预算等均需符合工程建设各阶段技术、管理等标准的要求。工程建设标准与国家经济越来越密切,工业化、信息化、城镇化、市场化、国际化深入发展,客观需要有较高的投资增长速度,工程建设标准必将在提高投资使用效率方面发挥重要作用。

二、工程建设标准对社会经济的作用

工程建设标准在编制、实施、监督及反馈全过程中,将科学技术转化为生产力是在实施环节实现的。微观市场主体在建设项目上实施工程建设标准,通过"传导机制"发生作用,标准传导者把标准信息从标准制定者传给标准执行主体,反之,标准执行主体通过政策传导者,将标准需求信息传给标准制定者。标准制定者依据科学技术成果,在相应政策法规指导下,制定出符合产业政策、科学技术发展、管理规定和市场运行规律的标准,通过制定者、社会中介组织实现对微观主体的作用,并最终形成反馈。传导是标准化不可或缺的重要内容,也是工程建设标准系统运作的基本要素之一,是对国民经济和社会发展产生影响的必要途径。

1. 有力保障国民经济的可持续发展

改革开放以来,我国国民经济持续、快速发展,经济增长模式正在由粗放型向集约型转变,经济结构逐步优化。但近些年来,我国经济发展过程中暴露出经济快速增长与能源资源大量消耗、生态破坏之间的矛盾,成为影响我国经济可持续发展的关键因素,其中,巨大的建筑能耗对我国可持续发展有着重大的影响。因此,工程建设标准特别是节能标准的实施,将有效降低能耗,减少污染,有力促进我国经济的可持续发展。

保持国民经济可持续发展的重要方面是进行产业结构调整,它是关系国民经济全局紧迫而重大的战略任务。党的十七大提出,要加快转变经济发展方式,推动产业结构优化升级。工程建设标准作为工程建设的技术依据,是制定宏观调控措施的重要依据之一,能够与产业政策有效结合,推动产业结构调整。特别是与工程建设密切相关的行业,包括钢铁、建材等,利用工程建设标准能够调整产品结构,促进产品升级换代,推动相关产业的结构调整。另外,在市场机制的作用下,通过技术、质量、环境、安全、能耗等方面工程建设标准特别是强制性标准的制定和实施,强化符合标准的产品的市场竞争力,限制和淘汰不符合标准、能耗高、污染重、安全条件差、技术水平低的企业。

固定资产投资增长是经济发展的主要动力,国家的生产能力在很大程度上取决于现有固定资产的规模,高投资必然带来经济的高速增长。特别是2008年全球金融危机爆发,我国政府实施了4万亿的投资计划,以减缓金融危机对我国产生的影响,其中,保障性住房以及铁路、公路等基础设施项目占有较大的比重,使得确保投资的经济效益和社会效益达到最佳成为关键问题。工程建设标准作为工程建设的依据无疑确保了投资决策的科学性,强化了投资管理与监管。

企业作为社会经济的基本活动单位,工程建设标准的实施,影响着企业行为和工作方式,一方面,相关企业要在有效实施工程建设标准的情况下,使自身的运转达到高效率,以降低成本,适应市场的要求;另一方面,当企业各项管理措施在不适于工程建设标准有效实施时,包括员工培训、技术管理、生产管理、材料管理等,将会影响到企业能否高效完成工程建设任务,影响到企业自身的发展,这时,企业自身将会从适应工程建设的要求出发做出调整,使自身行为和工作方式达到高效、规范。从而使企业依据生产技术的发展规律和客观经济规律对企业进行管理,企业逐步做到管理机制的高效化,管理工作的计划化、程序化,管理技术和管理手段的现代化,建立符合生产活动规律的生产管理、技术管理、设备动力管理、物资管理、劳动管理、质量管理、计量管理、安全管理等科学管理制度。管理水平的提高必然会增强企业谋求生存和发展的能力,即提高在市场的竞争能力,也为我国实施"走出去"战略打下基础。

2. 促进城乡经济社会的一体化发展

十七届三中全会指出,必须统筹城乡经济社会发展,始终把着力构建新型工农、城乡关系作为加快推进现代化的重大战略,统筹工业化、城镇化、农业现代化建设,加快建立健全以工促农、以城带乡的长效机制,使广大农民平等参与现代化进程、共享改革发展成果。统筹城乡发展,必须加快农村基础设施建设步伐,缩小城乡基础设施差距。协调推进城镇化和新农村建设,推进城镇化与建设新农村,是我国现代化战略布局相辅相成、不可或缺的两个重要组成部分。一方面,城镇化是经济社会结构转变的大趋势,必须坚定不移地加以推进。有序转移农村人口,为提高农业劳动生产率、加快农村发展奠定基础。另一方面,今后相当长时期我国始终会有数以亿计的人口在农村生活,进城务工农民相当一部分还会"双向流动",必须建设好农民的家园。要协调推进城镇化与新农村建设,合理把握城镇化的速度,积极稳妥引导农村人口转移。使城镇化与经济社会发展相适应,与新农村建设相协调,努力形成城镇化与新农村建设良性互动、相互促进的局面。

工程建设标准作为工程建设的技术依据,覆盖了规划、勘察、设计、施工、验收、运营维护等工程建设活动的各个环节,涉及了房屋建筑、市政设施等各类建设工程,对于推进城镇一体化发展,有重要的作用,一是通过规划标准的制定和实施,保障城乡规划的科学合理性,促进城乡一体化发展;二是为城乡基础设施建设提供技术支撑,缩小城乡基础设施差距;三是规范污水、垃圾的管理,进一步改善环境,促进村镇的发展。

3. 保护环境,促进节约与合理利用能源资源

保护环境,合理利用资源、挖掘材料潜力、开发新的品种、搞好工业废料的利用以及控制原料和能源的消耗等,已成为保证基本建设持续发展亟待解决的重要课题。在这方面,工程建设标准化可以起到极为重要的作用。首先,国家可以运用标准规范的法制地位,按照现行经济和技术政策制度约束性的条款,限制短缺物资、资源的开发使用,鼓励和指导采用代替材料;其次,根据科学技术发展情况,以每一时期的最佳工艺和设计、施工方法,指导采用新材料和充分挖掘材料功能潜力;最后,以先进可靠的设计理论和择优方法,统一材料设计指标和结构功能参数,在保证使用和安全的条件下,降低材料和能源消耗。

在保护环境方面,发布了一系列污水、垃圾处理工程的工程建设标准,涉及了处理工艺、设备、排放指标要求、工程建设等,为污水、垃圾处理工程的建设提供了有力的技术支撑,保障了污水垃圾的无害化处理,保护了环境。在建筑节能方面,工程建设标准为建筑节能工作的开展提供技术手段,在工程建设标准中综

合当前的管理水平和技术手段科学合理地设定建筑节能目标,有效降低建筑能耗;在工程建设标准中规定了降低建筑能耗的技术方法,包括维护结构的保温措施、暖通空调的节能措施以及可再生能源利用的技术措施等,为建筑节能提供保障。

4. 保证建设工程的质量与安全,提高经济社会效益

工程建设标准具备高度科学性,作为建设工程规划、勘察、设计、施工、监理的技术依据,应用于整个工程建设过程中,是保证质量的基础。

为加强质量管理,国家建立的施工图设计文件审查制度、竣工验收备案制度、工程质量验收制度等,开展工作的技术依据都是各类标准、规范和规程。我国《建设工程质量管理条例》为保证建设工程质量,更对工程建设各责任主体严格执行标准提出了明确的要求。

近年来,在施工过程中时有发生安全事故,直接危害人民的生命和财产安全,影响社会稳定,已成为社会关注的焦点问题。影响安全的因素很多,其中在建工程的勘察、设计、施工中未很好执行现行的各项标准,使用不符合标准的材料和设备,以致发生安全质量事故,就是主要原因。针对发生安全事故的原因和影响安全的因素,通过标准化,规范人的行为,控制材料、设备的质量,并配合法律法规强化安全管理,就能够进一步消除安全隐患,减少安全事故。目前已经发布实施的《建筑施工安全检查标准》《建筑施工机械设备使用与作业安全技术规程》、《建设工程项目管理规范》以及一些材料和设备的标准等,是有效控制安全事故发生的有效工具。此外,在减灾防灾方面,工程建设标准化毫无疑问是治本途径。多年来,有关部门通过调查研究和科学试验,制订发布了这方面的专门标准,例如防震、防火、防爆等标准规范。

通过工程建设标准化,可以协调质量、安全、效益之间的关系,保证建设工程在满足质量、安全的前提下,取得最佳的经济效益,特别是处理好安全和经济效益之间的关系。如何做到既能保证安全和质量,又不浪费投资,制订一系列的标准就是很重要的一个方面。在国家方针、政策指导下制订的标准,提出的安全度要求是根据工程实践经验和科学试验数据,并结合国情进行综合分析,按工程的使用功能和重要性,划分安全等级而提出的。这样就基本可以做到各项工程建设在一定的投资条件下,既保证安全,达到预期的建设目的,又不会有过高的安全要求,增加过多的投资。

5. 规范建筑市场秩序

规范建筑市场秩序是完善社会主义市场经济体制的一项重要内容,主要是规范市场主体的行为,建立公平竞争的市场秩序,保护市场主体的合法权益。同时,市场经济就是法制经济,各项经济活动都需要法制来保障,工程建设活动是

市场经济活动的重要组成部分,工程建设活动中,大量的是技术、经济活动,工程建设标准作为最基本的技术、经济准则,贯穿于工程建设活动各个环节,是各方必须遵守的依据,从而规范建筑市场各方的活动。随着市场经济的完善,广大人民群众对依法维护自身权益更加重视,如在遇到住宅质量、居住环境质量问题时,自觉运用法律法规和工程建设标准的技术规定来维护自身权益,客观上要求工程技术标准的有关规定应具备法律效率,在规范市场经济秩序中发挥强制性作用,为社会经济管理提供技术依据。

6. 促进科研成果和新技术的推广应用

科技进步是经济发展的主要推动力之一,促进科研成果和新技术的推广应用,形成产业化是提高生产力、发展高新技术产业、促进经济社会又好又快发展的重要途径。标准、科技研发和成果转化之间紧密相连,三者之间既相互促进、相互制约,又相互依存、相互融合,形成三位一体化的复杂系统。标准是建立在生产实践经验和科学技术发展的基础上,具有前瞻性和科学性,标准应用于工程实践,作为技术依据,必须具有指导作用,保证工程获得最佳经济效益和社会效益。科研成果和新技术一旦为标准肯定和采纳,必然在相应范围内产生巨大的影响,促进科研成果和新技术得到普遍的推广和广泛应用,尤其是在我国社会主义市场经济体制的条件下,科学技术新成果一旦纳入标准,就具有了相应的法定地位,除强制要求执行的以外,只要没有更好的技术措施,都会广泛地得到应用。此外,标准纳入科研成果和新技术,一般都进行了以择优为核心的统一、协调和简化工作,使科研成果和新技术更臻于完善,并且在标准实施过程中,通过信息反馈,提供给相应的科研部门进一步研究参考,这又反过来促进科学技术的发展。

7. 保障社会公众利益

在基本建设中,有为数不少的工程,在发挥其功能的同时,也带来了污染环境的公害;还有一些工程需要考虑防灾(防火、防爆、防震等)以保障国家、人民财产和生命安全。我国政府为了保护人民健康、保障国家、人民生命财产安全和保持生态平衡,除了在相应工程建设中增加投资或拨专款进行有关的治理外,主要还在于通过工程建设标准化工作的途径,做好治本工作。多年来,有关部门通过调查研究和科学试验,制订发布了这方面的专门标准,例如防震、防火、防爆等标准(规范、规程)。另外在其他的专业标准中凡涉及这方面的问题也规定了专门的要求。由于这方面的标准(规范、规程)大都属于强制性的,在工程建设中需严格执行。因此这些标准的发布和实施,对防止公害、保障社会效益起到了重要作用。近年来,为了方便残疾人、老年人、保障人民身体健康、节约能源、保护环境,组织制定了一系列有益于公众利益的标准,使标准在保障社会公众利益方面作用更加明显。

第二章　标准化管理体系与相关标准

第一节　标准管理体系

一、法律法规

新中国成立以来我国标准化工作随着国民经济的发展而逐步发展,各项管理规章制度不断完善。1956 年 10 月,国家建设在总结经验并参照前苏联有关管理工作的基础上,专门组织起草并颁发了《标准设计的编制、审批、使用办法》,填补了在这一阶段工程建设标准化工作管理制度的空白。1961 年 4 月,国务院发布了《工农业产品和工程建设技术标准暂行管理办法》,是我国第一次正式发布的有关工程建设标准化工作的管理法规。党的十一届三中全会以后,党和国家的工作重点转移到了社会主义现代化建设上来,标准化工作受到党中央和国务院的高度重视,国务院于 1979 年 7 月发布了《中华人民共和国标准化管理条例》,为新时期开展标准化工作指明了方向。1988 年 12 月第七届全国人民代表大会常务委员会第 5 次会议,通过了《中华人民共和国标准化法》,1990 年 4 月国务院又以中华人民共和国第 53 号令发布了《中华人民共和国标准化法实施条例》。《标准化法》和《标准化法实施条例》的相继发布实施,使标准化工作纳入了法制化管理的轨道,为这项工作的蓬勃发展奠定了坚实基础。

1. 法律

工程建设标准法律是指由全国人大及其常委会制定和颁布的属于国务院建设行政主管部门业务范围内的各项法律。

我国现行的工程建设标准法律主要有调整标准化工作的总体上位法《标准化法》,此外,具体到工程建设领域,还包括与工程建设密切相关,对标准化工作同样有所涉及的法律,包括《建筑法》《城乡规划法》《节约能源法》《房地产管理法》《安全生产法》等相关法律。

《标准化法》颁布实施于 1988 年 12 月,是为了发展社会主义商品经济、促进技术进步、改进产品质量、维护国家和人民利益和发展对外经济关系而制定的,是标准化工作的上位法。《标准化法》共有总则、标准的制定、标准的实施、法律责任和附则五部分,确定了强制性标准与推荐性标准相结合的原则;明确了国务院各部门和地方政府的职责,明确了"统一管理、分工负责"的管理体制,其中"统一管理"是指国务院标准化行政主管部门(原国家质量技术监督局,现国家质量监督检疫总局)统一管理全国的标准化工作;"分工负责"则是指各部门、地方分工管理本部门、本地方的标准化工作,即国务院有关行政主管部门分工管理本部门、本行业的标准化工作,地方政府标准化行政主管部门统一管理本地区标准化工作,规定了制定标准的原则和对象,强化了强制性标准的严格执行要求,对违法行为的法律责任和处罚办法做出了明确规定。该法的生效标志着我国的标准化工作走上了法制化的轨道。《标准化法》将标准划分为"国家标准、行业标准、部门标准和企业标准"四级,又将国家标准和行业标准划分为强制性标准和推荐性标准。其中,保障人体健康和人身、财产安全的标准和法律、行政法规规定强制执行的标准是强制性标准,其他标准是推荐性标准。强制性标准必须执行。不符合强制性标准的产品,禁止生产、销售和进口。推荐性标准企业自愿采用。制定标准的部门要组织由专家组成的标准化技术委员会,负责标准的草拟和审查工作。该法将标准化法律责任划分为刑事责任、行政责任和民事责任。《标准化法》是我国顺应时代要求而制定的,是我国标准化法律规范中的最高准则,也是指导我国标准化工作开展的重要依据。

《建筑法》是建设领域保障工程建设标准实施的最基本的法律,主要侧重于建筑工程质量和安全标准的实施,对参与建设的设计、施工、监理单位执行建设标准的行为进行了明确规定,并对建筑材料以及建筑工程的质量标准也作了明确规定。该法第三条规定:"建筑活动应当确保建筑工程质量和安全,符合国家的建筑工程安全标准。"第三十二条规定:"建筑工程监理应当依照法律、行政法规及有关的技术标准、设计文件和建筑工程承包合同,对承包单位在施工质量、建设工期和建设资金使用等方面,代表建设单位实施监督。"第三十七条规定:"建筑工程设计应当符合按照国家规定制定的建筑安全规程和技术规范,保证工程的安全性能。"第五十二条规定:"建筑工程勘察、设计、施工的质量必须符合国家有关建筑工程安全标准的要求,具体管理办法由国务院规定。"第六十一条规定:"交付竣工验收的建筑工程,必须符合规定的建筑工程质量……"

《城乡规划法》则针对城乡规划编制活动执行标准进行了规定。该法第十条规定:"编制城乡规划必须遵守国家有关标准"。

《节约能源法》对节能标准的实施以及节能材料的生产、销售、使用要求做了具体规定。该法第十五条规定:"国家实行固定资产投资项目节能评估和审查制度。不符合强制性节能标准的项目,依法负责审批或者核准的机关不得批准或者核准建设,建设单位不得开工建设,已完成建设的,不得投入生产使用……"第十七条规定："禁止生产、进口、销售国家明令淘汰或者不符合强制性能源效率标准的用能产品、设备；禁止使用国家明令淘汰的用能设备、生产工艺。"第三十五条规定："建筑工程的建设、设计、施工和监理单位应当遵守建筑节能标准不符合建筑节能标准的建筑工程，建设主管部门不得批准开工建设；已经开工建设的，应当责令停止施工、限期改正；已经建成的，不得销售或者使用。"

此外，《房地产管理法》《安全生产法》中也对工程建设标准的制定做出了具体规定。

2. 行政法规

工程建设标准行政法规是指由国务院依法制定和颁布的属于国务院建设行政主管部门业务范围内的各项行政法规。

我国现行的工程建设标准行政法规主要有从总体上对标准化工作作出规定的《标准化法实施条例》以及具体针对工程建设标准的《建设工程质量管理条例》《建设工程安全生产管理条例》等。另外，建设工程领域的《建设工程勘察设计管理条例》《民用建筑节能条例》等行政法规也对工程建设标准的制定、实施有一些具体规定。

《标准化法实施条例》于 1990 年 4 月颁布实施，它是根据《标准化法》的规定而制定的，在标准化行政法规中占有重要的位置。该条例将《标准化法》的规定具体化，为标准化法律工作提供了可操作性的依据。该条例对标准化管理体制、制定标准的对象、标准的实施和监督等问题做出了更为详细和具体的规定。其中第四十二条规定："工程建设标准化管理规定，由国务院工程建设主管部门依据《标准化法》和本条例的有关规定另行制定，报国务院批准后实施。"

《建设工程质量管理条例》于 2000 年 1 月 10 日经国务院通过，自 2000 年 1 月 30 日起发布实施，凡在中华人民共和国境内从事建设工程的新建、扩建、改建等有关活动及实施对建设工程质量监督管理的，必须遵守该条例。该条例从保障建设工程质量的角度，对建设单位、设计单位、施工单位、工程监理单位以及工程质量监督管理单位执行工程建设质量标准的责任和义务作了明确规定，以规范建设各方在实施标准中的行为，提高实施标准对工程质量的保障作用。

《建设工程安全生产管理条例》于 2003 年 11 月 12 日经国务院讨论通过，2003 年 11 月 24 日公布，自 2004 年 2 月 1 日起实施。改条例对建设单位、勘察单位、设计单位、施工单位、工程监理单位及其他与建设工程安全生产有关的单位的建设工程安全生产行为进行了规范，并在监督管理、生产安全事故的应急救援和调查处理、法律责任方面作出了具体规定。

《建设工程勘察设计管理条例》于 2000 年 9 月 20 日经国务院讨论通过，并于 2000 年 9 月 25 日颁布实施，该条例对建设工程勘察、设计单位在经营活动中以及从业人员在业务活动中实施工程建设标准进行了规定。要求建设工程勘察、设计单位及人员依法进行建设工程勘察、设计,严格执行工程建设强制性标准,并对违反工程建设强制性标准的行为的法律责任作出了明确规定。

《民用建筑节能条例》由国务院于 2008 年 10 月 1 日颁布实施,主要目的在与加强民用建筑的节能管理,降低民用建筑使用过程中的能源消耗,提高能源利用效率。其中部分涉及工程建设标准的强制实施等规定,如第十五条规定:"设计单位、施工单位、工程监理单位及其注册执业人员,应当按照民用建筑节能强制性标准进行设计、施工、监理。"第十六条规定:"工程监理单位发现施工单位不按照民用建筑节能强制性标准施工的,应当要求施工单位改正;施工单位拒不改正的,工程监理单位应当及时报告建设单位,并向有关主管部门报告。第二十八条规定:"实施既有建筑节能改造,应当符合民用建筑节能强制性标准,优先采用遮阳、改善通风等低成本改造措施。"

3. 部门规章和规范性文件

工程建设标准部门规章和规范性文件是指建设主管部门根据国务院规定的职责范围,依法制定并颁布的各项规章,或由建设主管部门与国务院有关部门联合制定并发布的规章。在法律法规的基础上,建设部先后制定了《工程建设国家标准管理办法》《工程建设行业标准管理办法》《实施工程建设强制性标准监督规定》《工程建设标准局部修订管理办法》《工程建设标准编写规定》《工程建设标准出版印刷规定》《关于加强工程建设企业标准化工作的若干意见》《关于调整我部标准管理单位和工作准则等四个文件的通知》《工程建设标准英文版翻译细则(施行)》等部门规章和规范性文件;为加强行业标准和地方标准的管理,印发了《关于建立工程建设行业标准和地方标准备案制度的通知》;为加强对工程建设地方标准化工作的管理,印发了《工程建设地方标准化工作管理规定》;为加强工程建设标准的复审工作,印发了《工程建设标准复审管理办法》。

《工程建设国家标准管理办法》发布于 1992 年 12 月 30 日,自发布之日起实施。该办法是为了加强工程建设国家标准的管理,促进技术进步,保证工程质量,保障人体健康和人身安全,根据《标准化法》《标准化法实施条例》和国家有关工程建设的法律、行政法规而制定的管理办法。该办法从国家标准的计划、制定、审批与发布、复审与修订、日常管理等方面对国家标准作出了详细规定。该办法第二条对工程建设国家标准的范围进行了界定,规定在"工程建设勘察、规划、设计、施工(包括安装)及验收等通用的质量要求;工程建设通用的有关安全、卫生和环境保护的技术要求;工程建设通用的术语、符号、代号、量与单位、建筑模数和制图方法;工程建设通用的试验、检验和评定等方法;工程建设通用的信息技术要求;国家需要控制的其他工程建设通用的技术要求"的范围内制定国家标准。国家标准分为强制性标准和推荐性标准两类,强制性标准的类别基本上与第二条规定的国家标准的范围类似。在国家标准的计划方面,规定国家标准分为五年计划和年度计划,五年计划是编制年度计划的依据;年度计划是确定工作任务和组织编制标准的依据。各章具体条文对标准的计划、编制、审批、发布程序作出了明确规定。

《工程建设行业标准管理办法》发布于 1992 年 12 月 30 日,自发布之日起实施。该办法条文较为简单,全文共 18 条,对行业标准的计划、编制、发布等程序问题作出了规定。根据该办法,对于没有国家标准而需要在全国某个行业范围内统一的技术要求可以制定行业标准,技术要求的范围与国家标准的范围相同,主要包括工程建设勘察、规划、设计、施工(包括安装)及验收等行业专用的质量要求;工程建设行业专用的有关安全、卫生和环境保护的技术要求;工程建设行业专用的术语、符号、代号、量与单位和制图方法;工程建设行业专用的试验、检验和评定等方法;工程建设行业专用的信息技术要求;其他工程建设行业专用的技术要求等。行业标准也分为强制性标准和推荐性标准两类,强制性标准的范围与《工程建设国家标准管理办法》中规定的强制性国家标准的范围相同。国务院工程建设行政主管部门是管理行业标准的主责部门,根据《标准化法》和相关规定履行行业标准的管理职责。行业标准的计划根据国务院工程建设行政主管部门的统一部署由国务院有关行政主管部门组织编制和下达,并报国务院工程建设行政主管部门备案。

《实施工程建设强制性标准监督规定》于 2000 年 8 月 25 日发布,自发布之日起实施。该规定是为了实施工程建设强制性标准监督规定,加强工程建设强制性标准实施的监督工作,保证建设工程质量,保障人民的生命、财产安全,维护社会公共利益,根据《中华人民共和国标准化法》《中华人民共和国标准化法实施条例》和《建设工程质量管理条例》而制定的。该规定第二条明确规定:"在我国境内从事新建、扩建、改建等工程建设活动,必须执行工程建设强制性标准。"第三条对强制性标准的范围进行了界定:"涉及工程质量、安全、卫生及环境保护等方面的工程建设标准是强制性标准。"我国的强制性标准由国务院建设行政主管部门会同国务院有关行政主管部门确定。在强制性标准的监督管理方面,在国家层面,由国务院建设行政主管部门负责;在地方层面,由县级以上地方人民政府建设行政主管部门负责本行政区域内的强制性标准的监督管理工作。另外,建设工程的各个环节审查主管单位应当分别对强制性标准的实施情况进行监督;建设项目规划审查机构应当对工程建设规划阶段执行强制性标准的情况实施监督;施工图设计文件审查单位应当对工程建设勘察、设计阶段执行强制性标准的情况实施监督;建筑安全监督管理机构应当对工程建设施工阶段执行施工安全强制性标准的情况实施监督；工程质量监督机构应当对工程建设施工、监理、验收等阶段执行强制性标准的情况实施监督。除此之外，规定还分别对建设单位、勘察设计单位、施工单位、监理单位违反工程建设标准行为和建设行政主管部门玩忽职守行为的法律责任进行了明确规定。

《工程建设地方标准化工作管理规定》于 2004 年 2 月 4 日发布，2 月 10 日起实施。该规定是为了满足工程建设地方标准化工作管理的需要，促进工程建设地方标准化工作的健康发展，根据《标准化法》《建筑法》《标准化实施条例》《建设工程质量管理条例》等有关法律、法规，结合工程建设地方标准化工作的实际情况而制定的。根据该规定，工程建设地方标准化工作的任务是制定工程建设地方标准，组织工程建设国家标准、行业标准和地方标准的实施，并对标准的实施情况进行监督。工程建设地方标准化工作的经费，可以从财政补贴、科研经费、上级拨款、企业资助、标准培训收入等渠道筹措解决。省、自治区、直辖市建设行政主管部门负责本行政区域内工程建设标准化工作的管理工作，主要负责国家有关工程建设标准化的法律、法规和方针、政策在本行政区域的具体实施；制定本行政区域工程建设地方标准化工作的规划、计划；承担工程建设国家标准、行业标准的制订、修订等任务；组织制定本行政区域的工程建设地方标准；在本行政区域组织实施工程建设标准和对工程建设标准的实施进行监督；负责本行政区域工程建设企业标准的备案工作。工程建设地方标准在省、自治区、直辖市范围内由省、自治区、直辖市建设行政主管部门统一计划、统一审批、统一发布、统一管理。工程建设地方标准中，对直接涉及人民生命财产安全、人体健康、环境保护和公共利益的条文，经国务院建设行政主管部门确定后，可作为强制性条文。省、自治区、直辖市建设行政主管部门、有关部门及县级以上建设行政主管部门负责本区域内的工程建设国家标准、行业标准以及本行政区域工程建设地方标准的实施与监督工作。任何单位和个人从事建设活动违反工程建设强制性国家标准、行业标准、本行政区域地方标准，应按照《建设工程质量管理条例》等有关法律、法规和规章的规定处罚。

4. 地方标准化管理办法

目前我国有多个省、自治区颁布了工程建设标准地方管理办法，颁布时间主要集中于 2004～2009 年。

最新的工程建设地方标准管理办法是北京市住房和城乡建设委员会于 2010 年 7 月 6 日发布的《北京市工程建设和房屋管理地方标准化工作管理办法》，自 2010 年 9 月 1 日起实施。该办法是在《北京市地方标准管理办法（试行）》《北京市建设工程地方技术标准管理规定》等地方性规章的基础上完善的，在各地方工程建设标准化管理办法中属于最新颁布且内容较为先进的一部。该办法适用于北京市工程建设和房屋管理地方标准的制定、组织实施、对标准的实施情况进行监督及工程建设企业技术标准备案。该办法所指的工程建设和房屋管理地方标准是指需要在北京市范围内统一的工程建设施工、验收与房屋管理部分的技术要求和方法。根据该办法,北京市质量技术监督局依法统一管理北京市地方标准,北京市住房城乡建设委员会负责工程建设和房屋管理标准化研究,提出地方标准项目建议,组织制定地方标准,负责组织实施地方标准,并依法对标准的实施情况进行监督。北京市工程建设和房屋管理地方标准项目,由市住房城乡建设委确定项目计划,由市质监局列入北京市年度地方标准制修订计划。标准项目由市住房城乡建设委组织制定,由市质监局统一编号,市质监局和市住房城乡建设委联合发布。标准化工作的经费,可以从财政拨款、科研经费、上级有关部门拨款、社会团体、企事业单位资助等渠道筹措解决。鼓励企事业单位、科研机构、大专院校、社会团体,以及标准化组织承担或者参与工程建设和房屋管理地方标准的研究和制定工作。鼓励企业技术创新,积极总结实践经验,适时将企业标准上升为地方标准。任何单位和个人在从事工程建设活动中,违反工程建设强制性国家标准、行业标准和地方标准的行为,各级建设行政主管部门可以按照《建设工程质量管理条例》和《实施工程建设强制性标准监督规定》等有关规定进行处理。

《山东省工程建设标准化管理办法》颁布于2008年,该办法的颁布实施对于加强工程建设标准化的管理,保障工程建设标准有效实施,促进工程建设领域技术进步,维护工程建设市场秩序和公众利益,保证工程质量安全,推动经济社会健康稳定和可持续发展起到了重要作用。

《福建省工程建设地方标准化工作管理细则》颁布于2005年,该细则明确了工程建设地方标准、标准设计图集的编制原则,细化了地方标准制修订、立项、编写、送审和报批程序,从标准管理程序、经费、发布、实施、奖励等方面规范了该省工程建设标准化管理工作,使得地方标准的编制和管理工作有章可循。

湖南省《关于实施建设部(工程建设地方标准化工作管理规定)的若干意见》颁布于2004年,对《工程建设地方标准化工作管理规定》提出了贯彻实施意见,对省、市建设主管部门标准化工作职责以及标准的编制、发布、修订、复审、企业标准备案、强制性标准的执行和监督等工作做出了明确具体规定。

二、管理体系

目前,工程建设标准化的管理机构包括两部分。一是政府管理机构,包括负责全国工程建设标准化归口管理工作的国务院工程建设行政主管部门;负责本部门或本行业工程建设标准化工作的国务院有关行政主管部门;负责本行政区域工程建设标准化工作的省、市、县人民政府的工程建设行政主管部门;二是非政府管理机构,即政府主管部门委托的负责工程建设标准化管理工作的机构。

1. 工程建设标准化政府管理机构及职责

(1)国务院工程建设行政主管部门管理全国工程建设标准化工作,它的主要职责包括以下8个方面:

1)组织贯彻国家有关标准化和工程建设法律、行政法规和方针、政策,并制定工程建设标准化的规章;

2)制定工程建设标准化工作规划和计划;

3)组织制定工程建设国家标准;

4)组织制定本部门本行业的工程建设行业标准;

5)指导全国工程建设标准化工作,协调和处理工程建设标准化工作中的有关问题;

6)组织实施标准;

7)对标准的实施进行监督检查;

8)参与组织有关的国际标准化工作。

国务院工程建设行政主管部门,目前是住房和城乡建设部。

(2)国务院有关行政主管部门和国务院授权的有关行业协会及大型企业集团,例如交通运输部、水利部、信息产业部、国家广播电影电视局、中国电力企业联合会、中国石化集团等,分工管理本部门、本行业的工程建设标准化工作。主要职责包括以下6个方面:

1)组织贯彻国家有关标准化工作和工程建设的法规、方针和政策,并制定本部门、本行业工程建设标准化工作的管理办法;

2)制定本部门、本行业工程建设标准化工作规划和计划;

3)承担制订、修订工程建设国家标准的任务,组织制定本部门本行业的工程建设行业标准;

4)组织本部门、本行业实施标准;

5)对标准的实施进行监督检查;

6)参与组织有关的国际标准化工作。

(3)省、自治区、直辖市人民政府建设行政主管部门统一管理本行政区域的工程建设标准工作,主要职责包括以下6个方面:

1)组织贯彻国家有关工程建设标准化工作的法律、行政法规和方针、政策;

2)制定本行政区域工程建设标准化工作的管理办法;

3)承担制订、修订工程建设国家标准、行业标准的任务;

4)组织制定本行政区域内的工程建设地方标准;

5)在本行政区域内组织实施标准；

6)对标准的实施进行监督检查。

2. 非政府管理机构

国务院各有关行政主管部门，除设有具体的管理机构外，对本部门、本行业的工程建设标准化工作，设立了形式不同的、自下而上的管理机构。目前，各行业工程建设标准化的归口管理，存在多种情况，主要包括由行业主管部门相关机构归口管理、行业协会相关机构归口管理、企业相关部门归口管理等。因为归口管理部门的不同，各行业工程建设标准化管理机构的设置也存在多种情况。

(1)行业主管部门相关机构归口管理

很多行业主管部门均设立了专门的标准定额管理机构，包括标准定额站等。如信息产业部电子工程标准定额站为电子工程建设行业标准管理机构，其主要职责包括电子工程建设领域标准化工作的组织和管理；标准计划的制订、标准项目的组织申报、标准制修订工作的组织开展等编制工作的全过程管理；标准颁布实施的配合和指导、标准宣贯的组织与实施、标准的复审与局部修订等标准实施过程的运作和协调等。建材行业工程建设标准化工作由国家建筑材料工业标准定额总站负责，其主要职责为：负责建材行业工程建设标准及定额的制定(修订)工作、建材行业造价工程师及工程建设造价员的日常管理工作。住建部承担的城建、建工行业的工程建设标准化工作由住建部标准定额司委托住建部标准定额研究所来实施，住建部设立的勘察与岩土工程、城乡规划、城镇建设、建筑工程等18个技术归口单位，分别负责组织本专业范围内标准的制定、修订和审查等标准化工作，形成自下而上的管理机构体系。

(2)行业协会相关机构归口管理

在一些行业中，由相关行业协会全面指导管理工程建设标准化工作。其中，一些行业设有常设专门机构，在行业协会的领导下，负责工程建设标准化的日常工作。如电力行业，由中国电力企业联合会内设的标准化中心，全面归口电力工程建设标准化的管理工作。化工行业工程建设标准化工作由中国石油和化工勘察设计协会进行组织和管理，各专业中心站在协会的领导下开展具体工作。冶金行业工程建设领域标准化工作由中国冶金建设协会负责，协会下设标准化专业委员会，负责标准化工作日常管理。有色金属工程建设标准化工作现在由中国有色金属工业协会全面指导管理，中国有色金属工业工程建设标准规范管理处作为常设机构，负责组织全国有色金属工程建设国家标准和行业标准的制修订工作，组织开展全行业工程建设标准的宣贯、培训，同时，负责工程建设标准化的日常管理工作。

在有些行业中行业协会工程建设标准化归口管理机构将日常事务委托其他

机构管理。如机械工业工程建设标准化管理机构为中国机械工业联合会,职能部门为标准工作部,机械工业工程建设标准化管理的日常事务,委托中国机械工业勘察设计协会负责。

而有些行业协会尚未成立专门的工程建设标准化管理机构,管理工作交由其他处室分管负责,如纺织行业,日常的管理工作由纺织行业协会产业部具体负责。

(3)企业相关部门归口管理

在有些行业中,由龙头企业相关部门主管该行业的工程建设标准化工作。以石化行业为例,受政府委托,石化集团承担国家标准、行业标准的制定和修订以及相应的管理工作,具体由石化集团的工程部归口负责。工程部的主要职责是贯彻落实标准化法律、法规、方针、政策,组织石化行业工程建设标准化五年工作计划和年度计划的编制和实施,组织国家标准和石化行业工程建设标准的编制和审查,组织并监督标准的实施,指导并推动所属企业的企业标准化工作。石化集团在各设计、施工单位设立专业技术中心站,作为石化行业工程建设标准的专业技术管理机构,协助工程部开展标准化工作,并由各设计、施工单位作为标准编制单位具体承担编制责任。2003年成立的中国工程建设标准化协会石油化工分会,主要行使石化行业工程建设标准化的服务职能。

综上,各行业工程建设标准化工作归口于不同性质的管理机构。由于各行业具有不同的特点,工程建设标准化管理机构的职能也因此有所区别。但就工程建设标准的制定、实施和监督而言,各行业工程建设标准化管理机构担负的职责主要包括:

1)组织贯彻国家有关工程建设标准化的法律、法规、方针、政策,并制定在本行业实施的具体办法;

2)编制本行业工程建设标准化工作规划、计划;制定并实施本行业工程建设标准化发展战略和工作重点;

3)受国家有关部门委托,负责组织本行业工程建设国家标准和行业标准的编制计划、制修订、审查和报批;

4)组织本行业工程建设标准的宣贯、培训与实施,并对其实施情况进行监督。

此外,某些行业的工程建设标准体制还不完善,尚待建设。如国防工业各行业的工程建设管理都附属于各行业的计划部门,各行业的计划部门对工程建设的标准只是行政管理而不是业务主管。国防工业各行业都设有标准化所,标准化所的主要任务是实施行业标准化的规划,制订并组织各项标准化工作,是行业标准化的业务归口的总体单位,是行业标准化工作研究和管理机构,但各行业的标准化所在其工作中一般都没有将行业工程建设标准纳入其体系内,或其只容纳了少量的行业工程建设标准,而没有形成体系。实际上,国防工业工程建设标准化课题研究和有关标准的制定,各行业的设计研究院承担了更多的工作,是承担工程建设标准化的主要力量。

三、管理制度

1. 工程建设标准制定与修订制度

（1）标准立项

在工程建设标准的制定、修订工作中,计划工作既是"龙头",也是基础,通过计划的编制,保证拟订标准做好前期可行性研究工作,对有组织、有目的地开展标准的制定、修订工作具有重要的意义。《中华人民共和国标准化法实施条例》《工程建设国家标准管理办法》《工程建设行业标准管理办法》以及国务院各有关部门、各省、自治区、直辖市建设行政主管部门发布的有关工程建设标准化的管理制度中,对工程建设国家标准、行业标准、地方标准计划的编制作出了规定。

（2）标准编制

标准的制定工作是标准化活动中最为重要的一个环节,标准在技术上的先进性、经济上的合理性、安全上的可靠性、实施上的可操作性,都体现在这项工作中。制定标准是一项严肃的工作,只有严格按照规定的程序开展,才能保证和提高标准的质量和水平,加快标准的制定速度。因此工程建设标准制修订程序管理制度,是工程建设标准化管理制度中重要的一项内容,在《工程建设国家标准管理办法》《工程建设行业标准管理办法》以及国务院各有关部门和各省、自治区、直辖市建设行政主管部门发布的有关工程建设标准化的管理制度中,均对制修订程序做出了具体的规定。由于,各级各类工程建设标准其复杂程度、涉及面的大小和相关因素的多少,差异比较大,因此,在编制的程序上也不尽相同,但一般都要经历准备阶段、征求意见阶段、送审阶段、报批阶段等四个阶段。

工程建设标准,无论是强制性还是推荐性,在实际工作中都是一项具有一定约束力的技术文件,具有科学性和权威性,因此,标准文本在编写体例和文字表述方法上,显得非常重要。另一方面,规范的标准文本的格式、内容构成、表达方法等也会使标准的使用者易于接受,有利于正确理解和使用标准。《工程建设标准编写规定》对标准的编写做出了明确的规定。

1)准备阶段。主要工作包括筹建编制组、制定工作大纲、召开编制组成立会议。

2)征求意见阶段。主要工作包括搜集整理有关的技术资料、开展调查研究或组织试验验证、编写标准的征求意见稿、公开征求各有关方面的意见。

3)送审阶段。主要工作包括补充调研或试验验证、编写标准的送审稿、筹备审查工作、组织审查。

4)报批阶段。主要工作包括编写标准的报批稿、完成标准的有关报批文件、组织审核等。

（3）批准发布

工程建设国家标准由国务院工程建设行政主管部门批准，由国务院工程建设行政主管部门和国务院标准化行政主管部门联合发布。工程建设行业标准由国务院有关行业主管部门批准、发布和编号，涉及两个及以上国务院行政主管部门的行业标准，一般联合批准发布，由一个行业主管部门的负责编号。行业标准批准发布后30日内应报国务院工程建设行政主管部门备案。目前、在工程建设地方标准的批准发布和编号方面，各省、自治区、直辖市的做法不尽相同，但无外乎三种情况，一是由建设行政主管部门负责，绝大部分省、自治区、直辖市如此；二是由建设行政主管部门批准，并和技术监督部门联合发布，由技术监督部门统一编号；三是由技术监督部门负责批准发布和编号，目前只有个别省、自治区、直辖市如此。地方标准批准发布后30日内应当报国务院建设行政主管部门备案。

（4）复审

工程建设标准复审是指对现行工程建设标准的适用范围、技术水平、指标参数等内容进行复查和审议，以确认其继续有效、废止或予以修订的活动。对于确保或提高标准的技术水平，使标准的技术规定及时适应客观实际的要求，不断提高标准自身的有序化程度，避免标准对工程建设技术发展的反作用，具有十分重要的意义。

（5）局部修订

局部修订制度是工程建设标准化工作适应我国经济社会和科学技术迅猛发展要求的一项制度，为把新技术、新产品、新工艺、新材料以及建设实践的新经验，以至重大事故的教训，及时、快捷地纳入标准提供了条件。

（6）日常管理

工程建设标准实施过程中，执行主体必然会对其技术内容提出各种问题，包括对标准内容的进一步解释、对标准内容的修改意见等；同时科技进步和生产、建设实践经验的积累，也需要及时调整标准的技术规定。日常管理的主要任务是，负责标准解释，调查了解标准的实施情况，收集和研究国内外有关标准、技术信息资料和实践经验。

2. 工程建设标准实施与监督制度

标准的实施与监督是标准化工作的关键内容。《标准化法》及《标准化法实施条例》对标准实施及监督均做出了具体的规定:一是强制性标准必须执行,不符合强制性标准的产品,禁止生产、销售和进口,推荐性标准,国家鼓励企业自愿采用;二是监督的对象,包括强制性标准,企业自愿采用的推荐性标准,企业备案的产品标准,认证产品的标准和研制新产品、改进产品和技术改造过程中应当执行的标准。对于工程建设标准的实施,主要由《建筑法》《节约能源法》《建设工程质量管理条例》《建设工程勘察设计管理条例》以及《实施工程建设强制性标准监督规定》提出明确的要求。

《建筑法》中规定:"建筑活动应当确保建筑工程质量和安全,符合国家的建设工程安全标准。"《节约能源法》中规定:"建筑工程的建设、设计、施工和监理单位应当遵守建筑节能标准。不符合建筑节能标准的建筑工程,建设主管部门不得批准开工建设;已经开工建设的,应当责令停止施工、限期改正;已经建成的,不得销售或者使用。建设主管部门应当加强对在建建筑工程执行建筑节能标准情况的监督检查。"《建设工程勘察设计管理条例》中规定:"建设工程勘察、设计单位必须依法进行建设工程勘察、设计,严格执行工程建设强制性标准,并对建设工程勘察、设计的质量负责"。《建设工程质量管理条例》中规定:"建设单位不得明示或者暗示设计单位或者施工单位违反工程建设强制性标准,降低建设工程质量。勘察、设计单位必须按照工程建设强制性标准进行勘察、设计、并对其勘察、设计的质量负责。施工单位必须按照工程设计图纸和施工技术标准施工,不得擅自修改工程设计,不得偷工减料。"

《实施工程建设强制性标准监督规定》对与工程建设强制性标准的实施作出了全面的规定,主要包括以下几个方面:一是明确了工程建设强制性标准的概念,即工程建设强制性标准是指直接涉及工程质量、安全、卫生及环境保护等方面的工程建设标准强制性条文,奠定了"强制性条文的法律地位"。二是确定了监督机构的职责,即国务院建设行政主管部门负责全国实施工程建设强制性标准的监督管理工作。国务院有关行政主管部门按照国务院的职能分工负责实施工程建设强制性标准的监督管理工作。县级以上地方人民政府建设行政主管部门负责本行政区域内实施工程建设强制性标准的监督管理工作。建设项目规划审查机关应当对工程建设规划阶段执行强制性标准的情况实施监督。施工图设计文件审查单位应当对工程建设勘察、设计阶段执行强制性标准的情况实施监督。建筑安全监督管理机构应当对工程建设施工阶段执行施工安全强制性标准的情况实施监督。工程质量监督机构应当对工程建设施工、监理、验收等阶段执行强制性标准的情况实施监督。同时,规定了工程建设标准批准部门应当定期对建设项目规划审查机关、施工图设计文件审查单位、建筑安全监督管理机构、工程质量监督机构实施强制性标准的监督进行检查，以及工程建设标准批准部门应当对工程项目执行强制性标准情况进行监督检查。三是对监督检查的方式进行了规定，规定了重点检查、抽查和专项检查等三种方式。四是对监督检查的内容进行规定，包括有关工程技术人员是否熟悉、掌握强制性标准；工程项目的规划、勘察、设计、施工、验收等是否符合强制性标准的规定；工程项目采用的材料、设备是否符合强制性标准的规定；工程项目的安全、质量是否符合强制性标准的规定；工程中采用的导则、指南、手册、计算机软件的内容是否符合强制性标准的规定。

（1）工程建设标准的宣贯与培训

标准宣贯、培训是促进标准实施的重要手段，各级标准化管理机构对发布实施的重要标准均组织开展宣贯与培训工作，取得了积极的效果，有力促进了该标准的实施。如2000年"工程建设标准强制性条文"发布后，原建设部在全国范围内组织开展了大规模的宣贯、培训活动，取得的积极成果，有力促进了"工程建设标准强制性条文"实施。近年来，为配合建筑节能工作，原建设部连续组织开展了《公共建筑节能设计标准》等一批重点标准的宣贯，全国有近200万人次参加培训。

（2）施工图审查

施工图设计文件审查是指建设行政主管部门及其认定的审查机构，依据国家和地方有关部门法律法规、强制性标准规范，对施工图设计文件中涉及地基基础、结构安全等进行的独立审查。施工图审查是政府主管部门对建筑工程勘察设计质量监督管理的重要环节，是基本建设必不可少的程序。施工图审查中一项主要的内容就是工程设计是否符合工程建设强制性标准的要求，从而保证工程建设标准特别是强制性标准在工程建设中全面贯彻执行。

（3）工程监督检查

目前，对工程建设进行监督检查主要是工程质量监督和安全生产监督。工程质量监督是建设行政主管部门或其委托的工程质量监督机构根据国家法律、法规和工程建设强制性标准，对参与工程建设各方主体和有关机构履行质量责任的行为以及工程实体质量进行监督检查、维护公众利益的行政执法行为。安全生产检查制度是指上级管理部门对安全生产状况进行定期或不定期检查的制度。通过检查发现隐患问题，采取及时有效的补救措施，可以把事故消灭在发生之前，做到防患于未然，同时也可以总结出好的经验以预防同类隐患的发生。《建设工程安全生产管理条例》规定，国务院建设行政主管部门对全国的建设工程安全生产实施监督管理。国务院铁路、交通、水利等有关部门按照国务院规定的职责分工,负责有关专业建设工程安全生产的监督管理。县级以上地方人民政府建设行政主管部门对本行政区域内的建设工程安全生产实施监督管理。县级以上地方人民政府交通、水利等有关部门在各自的职责范围内,负责本行政区域内的专业建设工程安全生产的监督管理。标准的执行情况均为工程质量、安全监督检查的重要内容,通过监督检查,有力推动了标准的实施。

(4)竣工验收备案

建设工程竣工备案制度是要求工程竣工后将建设工程竣工验收报告和规划、公安消防、环保等部门出具的认可文件或者准许使用文件报建设行政主管部门或者其他有关部门备案的管理制度。这是加强政府监督管理,防止不合格工程流向社会的一个重要手段。《建设工程质量管理条例》规定:"建设行政主管部门或者其他有关部门发现建设单位在竣工验收过程中有违反国家有关建设工程质量管理规定行为的,责令停止使用,重新组织竣工验收。"这项制度的建立,实现了报建—施工图审查—核发施工许可证—工程质量监督检查—竣工验收—备案的封闭管理链,使标准、规范、规程及其强制性标准的实施在各个环节中得到认真的贯彻和执行。

(5)标准咨询工作

标准咨询是标准日常管理工作的重要内容,为工程建设标准的准确执行提供了保障,开展标准咨询,一是对标准的内容进行解释,使广大工程技术人员能够全面掌握标准的要求;二是积极提供咨询服务,处理工程建设标准在实施中的问题;三是参加工程建设相关检查,处理相关工程质量安全事故。根据相关规定,目前工程建设国家标准的强制性条文均由住房和城乡建设部进行解释,具体解释由工程建设标准强制性条文咨询委员会承担,经部批准后发布,工程建设行业标准的强制性条文由主管部门或行业协会等负责解释。标准中具体技术内容的解释均有标准的主编单位负责。

第二节　相　关　标　准

标准是企业生产经营的重要依据,影响着企业的组织结构和生产管理方式。我国标准化工作经过长期的发展,已形成了较为完善的体系,针对建筑业企业和建设工程项目管理,主要应用的标准包括基础标准、技术标准、产品标准、安全质量质量环境保护标准等。

一、基础标准

在工程建设标准体系中,基础标准是指在某一专业范围内作为其他标准的基础。基础标准是指术语、符号、计量单位、图形、模数、基本分类、基本原则等的标准。如城市规划术语标准、建筑结构术语和符号标准等。

《建筑设计术语标准》规定建筑学基本术语的名称,对应的英文名称,定义或解释适用于各类建筑中设计,建筑构造、技术经济指标等名称。

《房屋建筑制图统一标准》规定房屋建筑制图的基本和统一标准,包括图线、字体、比例、符号、定位轴线、材料图例、画法等。

《建筑制图标准》此标准规定建筑及室内设计专业制图标准化,包括建筑和装修图线、图例、图样画法等。

二、施工技术规范

1. 概念

随着建筑工程技术的发展,新材料和新的结构体系的出现,要求建筑结构施工技术与之相适应。城市建设的发展和地下空间的开发等,对施工技术提出了更高的要求。因此国内外均非常重视建筑工程技术的研究开发及新技术的应用,而施工工艺规范则是对建筑工程和市政工程的施工条件、程序、方法、工艺、质量、机械操作等的技术指标,以文字形式作出规定的工程建设标准。

施工技术规范是施工企业进行具体操作的方法标准,是施工企业的内控标准,他是企业在统一验收规范的尺度下进行竞争的法宝。施工技术规范把企业的竞争机制引入到拼实力、拼技术上来,真正体现市场经济下企业的主导地位。施工技术规范的构成复杂,他既可以是一项专门的技术标准,也可以是施工过程中某专项的标准,这些标准主要体现在行业标准、地方标准的一些技术规程、操作规程,如《混凝土泵送施工技术规程》(JGJ/T 10—2011)、《钢筋机械连接通用技术规程》(JGJ 107—2010)、《带肋钢筋套筒挤压连接技术规程》(JGJ 108—1996)、《钢筋焊接网混凝土结构技术规程》(JGJ/T 114—2014)、《冷轧扭钢筋混凝土构件技术规程》(JGJ 115—2006)、《建筑基坑支护技术规程》(JGJ 120—2012)、《设置钢筋混凝土构造柱多层砖房抗震技术规程》(JGJ/T 13—1994)、《混凝土小型空心砌块建筑技术规程》(JGJ/T 14—2011)、《轻集料混凝土技术规程》(JGJ 51—2002)、《预应力筋用锚具、夹具和连接器应用技术规程》(JGJ 85—2010)、《冷轧带肋钢筋混凝土结构技术规程》(JGJ 95—2011)、《钢框胶合板模板技术规程》(JGJ 96—2011)等。

但是我们也要看到,我们的企业长期以来习惯执行一个国家、行业或地方的标准,一些中小企业还没有建立起自己的企业标准和施工技术规范,特别是一些基础性、常规性的施工技术规范,没有标准是不能施工的,不能进行"无标生产"。对于这样的情况,企业优先采用施工地方操作规程,可以将一些协会标准、施工指南、手册等技术进行转化为本企业的标准。

施工技术规范所涉及的范围广,既可以是操作规程、工法,也可以是规范。如果我们把工艺、方法编成政府的标准,就有可能影响技术进步,使新技术、新材料、新工艺成为"非法";也可能因条件改变遵守规范出现问题时仍然"合法",使规范成为掩护技术落后的借口。工艺、方法内容强制化将不利于市场竞争和技术优化。过多地照顾落后的中小企业将使我们在国际竞争中面临更大困难。工艺、方法类内容本来就属于生产控制的范畴,除少量涉及验收的内容需在验收规范中反映外,应以推荐性标准或企业标准的形式反映。这样做完全没有放弃对质量严格控制的意思。

2. 重要施工技术规范

重要施工技术规范如下表:

表 2-1 施工技术规范(国标)摘录

序号	标准名称	标准编号
1	冷弯薄壁型钢结构技术规范	GB 50018—2002
2	锚杆喷射混凝土支护技术规范	GB 50086—2001
3	地下工程防水技术规范	GB 50108—2008
4	滑动模板工程技术规范	GB 50113—2005
5	混凝土外加剂应用技术规程	GB 50119—2013
6	混凝土质量控制标准	GB 50164—2011
7	钢筋混凝土升板结构技术规范	GBJ 130—1990
8	汽车加油加气站设计与施工规范	GB 50156—2012
9	蓄滞洪区建筑工程技术规范	GB 50181—1993
10	建设工程施工现场供用电安全规范	GB 50194—2014
11	组合钢模板技术规范	GB 50214—2013
12	土工合成材料应用技术规范	GB 50290—1998
13	供水管井技术规范	GB 50296—2014
14	住宅装饰装修工程施工规范	GB 50327—2001
15	建筑边坡工程技术规范	GB 50330—2013
16	医院洁净手术部建筑技术规范	GB 50333—2013
17	混凝土电视塔结构技术规范	GB 50342—2003
18	屋面工程技术规范	GB 50345—2012

（续）

序号	标准名称	标准编号
19	生物安全实验室建筑技术规范	GB 50346—2011
20	建筑给水聚丙烯管道工程技术规范	GB/T 50349—2005
21	木骨架组合墙体技术规范	GB/T 50361—2005
22	建筑与小区雨水利用工程技术规范	GB 50400—2006
23	硬泡聚氨酯保温防水工程技术规范	GB 50404—2007
24	预应力混凝土路面工程技术规范	GB 50422—2007
25	水泥基灌浆材料应用技术规范	GB/T 50448—2008
26	城市轨道交通技术规范	GB 50490—2009
27	城镇燃气技术规范	GB 50494—2009
28	大体积混凝土施工规范	GB50496—2009
29	建筑施工组织设计规范	GB/T 50502—2009
30	重晶石防辐射混凝土应用技术规范	GB/T 50557—2010
31	墙体材料应用统一技术规范	GB 50574—2010
32	环氧树脂自流平地面工程技术规范	GB/T 50589—2010
33	乙烯基酯树脂防腐蚀工程技术规范	GB/T 50590—2010
34	智能建筑工程施工规范	GB 50606—2010
35	纤维增强复合材料建设工程应用技术规范	GB 50608—2010
36	住宅信报箱工程技术规范	GB 50631—2010
37	建筑工程绿色施工评价标准	GB/T 50640—2010
38	混凝土结构工程施工规范	GB 50666—2011
39	预制组合立管技术规范	GB 50682—2011
40	坡屋面工程技术规范	GB 50693—2011
41	建设工程施工现场消防安全技术规范	GB 50720—2011
42	预防混凝土碱骨料反应技术规范	GB/T 50733—2011

三、质量验收规范

1. 概念

"质量验收规范"是整个施工标准规范的主干,指导各专项工程施工质量验收规范是《建筑工程施工质量验收统一标准》,验收这一主线贯穿建筑工程施工活动的始终。施工质量要与《建设工程质量管理条例》提出的事前控制、过程控制结合起来,分为生产控制和合格控制。施工质量验收规范属于合格控制的范畴,也属于"贸易标准"的范畴,可以由"验收"促进前期的生产控制,从而达到保证质量的目的。

2. 重要施工质量验收规范列表

重要施工质量验收规范如下表：

表 2-2 施工质量验收规范(国标)摘录

序号	标准名称	标准编号
1	建筑工程施工质量验收统一标准	GB 50300—2013
2	烟囱工程施工及验收规范	GB 50078—2008
3	沥青路面施工及验收规范	GB 50092—1996
4	水泥混凝土路面施工及验收规范	GBJ 97—1987
5	给水排水构筑物工程施工及验收规范	GB 50141—2008
6	建筑地基基础工程施工质量验收规范	GB 50202—2002
7	砌体结构工程施工质量验收规范	GB 50203—2011
8	混凝土结构工程施工质量验收规范	GB 50204—2002(2010版)
9	钢结构工程施工质量验收规范	GB 50205—2001
10	木结构工程施工质量验收规范	GB 50206—2012
11	屋面工程质量验收规范	GB 50207—2012
12	地下防水工程施工质量验收规范	GB 50208—2011
13	建筑地面工程施工质量验收规范	GB 50209—2010
14	建筑装饰装修工程质量验收规范	GB 50210—2001
15	建筑防腐蚀工程施工规范	GB 50212—2014
16	建筑防腐蚀工程施工质量验收规范	GB 50224—2010
17	建筑给水排水及采暖工程施工质量验收规范	GB 50242—2002
18	通风与空调工程施工质量验收规范	GB 50243—2002
19	给水排水管道工程施工及验收规范	GB 50268—2008
20	地下铁道工程施工及验收规范	GB 50299—1999
21	建筑电气工程施工质量验收规范	GB 50303—2002
22	电梯工程施工质量验收规范	GB 50310—2002
23	建筑内部装修防火施工及验收规范	GB 50354—2005
24	建筑工程施工质量评价标准	GB/T 50375—2006
25	建筑节能工程施工质量验收规范	GB 50411—2007
26	盾构法隧道施工与验收规范	GB 50446—2008
27	建筑结构加固工程施工质量验收规范	GB 50550—2010
28	铝合金结构工程施工质量验收规范	GB 50576—2010
29	建筑物防雷工程施工与质量验收规范	GB 50601—2010
30	跨座式单轨交通施工及验收规范	GB 50614—2010
31	住宅区和住宅建筑内通信设施工程验收规范	GB/T 50624—2010

（续）

序号	标准名称	标准编号
32	钢管混凝土工程施工质量验收规范	GB 50628—2010
33	无障碍设施施工验收及维护规范	GB 50642—2011
34	钢筋混凝土简仓施工与质量验收规范	GB 50669—2011
35	传染病医院建筑施工及验收规范	GB 50686—2011

四、试验、检验标准

1. 概念

由于工程建设是多道工序和众多构件组成的，工程建设的现场抽样检测能较好地评价工程的实际质量。为了确定工程是否安全和是否满足功能要求而制定了工程建设试验、检测标准。

另一方面工程建设施工质量的实体检验，涉及地基基础和结构安全以及主要功能的抽样检验，能够较客观和科学地评价单体工程施工质量是否达到规范要求的结论。由于20世纪80年代的验评标准着重于外观和定性检验，对抽样检验和定量检验的要求没有涉及，致使工程建设现场抽样检验标准发展不快。随着工程建设检验技术、方法和仪器研制的进展，这方面的技术标准逐步得到了重视，已制定和正在制定相应的工程建设质量试验、检测技术标准。

2. 重要试验、检验标准

重要试验、检验标准如下表：

表 2-3　试验、检验标准摘录

序号	标准名称	标准编号
1	普通混凝土拌合物性能试验方法标准	GB/T 50080—2002
2	普通混凝土力学性能试验方法标准	GB/T 50081—2002
3	普通混凝土长期性能和耐久性能试验方法标准	GB/T 50082—2009
4	混凝土强度检验评定标准	GB/T 50107—2010
5	混凝土结构试验方法标准	GB/T 50152—2012
6	砌体工程现场检测技术标准	GB/T 50315—2011
7	木结构试验方法标准	GB/T 50329—2012
8	建筑结构检测技术标准	GB/T 50344—2004
9	住宅性能评定技术标准	GB/T 50362—2005
10	建筑基坑工程监测技术规范	GB 50497—2009

（续）

序号	标准名称	标准编号
11	钢结构现场检测技术标准	GB/T 50621—2010
12	建筑变形测量规范	JGJ/T 8—2007
13	早期推定混凝土强度试验方法标准	JGJ/T 15—2008
14	回弹法检测混凝土抗压强度技术规程	JGJ/T 23—2011
15	钢筋焊接接头试验方法标准	JGJ/T 27—2014
16	建筑砂浆基本性能试验方法	JGJ/T 70—2009
17	建筑工程检测试验技术管理规范	JGJ 190—2010
18	建筑基桩检测技术规范	JGJ 106—2014
19	建筑工程饰面砖粘结强度检验标准	JGJ 110—2008
20	贯入法检测砌筑砂浆抗压强度技术规程	JGJ/T 136—2001
21	玻璃幕墙工程质量检验标准	JGJ/T 139—2001
22	混凝土中钢筋检测技术规程	JGJ/T 152—2008
23	房屋建筑与市政基础设施工程检测分类标准	JGJ/T 181—2009
24	锚杆锚固质量无损检测技术规程	JGJ/T 182—2009
25	混凝土耐久性检验评定标准	JGJ/T 193—2009
26	建筑门窗工程检测技术规程	JGJ/T 205—2010
27	后锚固法检测混凝土抗压强度技术规程	JGJ/T 208—2010
28	择压法检测砌筑砂浆抗压强度技术规程	JGJ/T 234—2011
29	城市地下管线探测技术规程	CJJ 61—2003
30	城镇供水管网漏水探测技术规程	CJJ 159—2011
31	盾构隧道管片质量检测技术标准	CJJ/T 164—2011

五、施工安全标准

1. 概念

建筑施工安全，既包括建筑物本身的性能安全，又包括建造过程中施工作业人员的安全。建筑物本身的性能安全与建筑工程勘察设计、施工和维护使用等有关，目前在工程勘察、地基基础、建筑结构设计、工程防灾、建筑施工质量和建筑维护加固专业中已建立了相应的标准体系。建造过程中施工作业人员的安全主要是指建造过程中施工作业人员的安全和健康。建筑施工安全技术即是指建筑施工过程中保证施工作业人员的生命安全及身体健康不受侵害的施工技术。

2. 重要施工安全技术规范

重要施工安全技术规范如下表：

表 2-4　施工安全技术规范摘录

序号	标准名称	标准编号
1	大体积混凝土施工规范	GB 50496—2009
2	岩土工程勘察安全规范	GB 50585—2010
3	建设工程施工现场消防安全技术规范	GB 50720—2011
4	建筑机械使用安全技术规程	JGJ 33—2012
5	施工现场临时用电安全技术规范	JGJ 46—2005
6	建筑施工高处作业安全技术规范	JGJ 80—91
7	龙门架及井架物料提升机安全技术规范	JGJ 88—2010
8	钢框胶合板模板技术规程	JGJ 96—2011
9	塑料门窗工程技术规程	JGJ 103—2008
10	建筑施工门式钢管脚手架安全技术规范	JGJ 128—2010
11	建筑施工扣件式钢管脚手架安全技术规范	JGJ 130—2011
12	建筑施工现场环境与卫生标准	JGJ 146—2013
13	建筑拆除工程安全技术规范	JGJ 147—2004
14	施工现场机械设备检查技术规程	JGJ 160—2008
15	建筑施工模板安全技术规范	JGJ 162—2008
16	建筑施工木脚手架安全技术规范	JGJ 164—2008
17	地下建筑工程逆作法技术规程	JGJ 165—2010
18	建筑施工碗扣式钢管脚手架安全技术规范	JGJ 166—2008
19	建筑外墙清洗维护技术规程	JGJ 168—2009
20	多联机空调系统工程技术规程	JGJ 174—2010
21	建筑施工土石方工程安全技术规范	JGJ 180—2009
22	液压升降整体脚手架安全技术规程	JGJ 183—2009
23	建筑施工作业劳动防护用品配备及使用标准	JGJ 184—2009
24	液压爬升模板工程技术规程	JGJ 195—2010
25	建筑施工塔式起重机安装、使用、拆卸安全技术规程	JGJ 196—2010
26	建筑施工工具式脚手架安全技术规范	JGJ 202—2010
27	建筑施工升降机安装、使用、拆卸安全技术规程	JGJ 215—2010
28	建筑施工承插型盘扣式钢筋支架安全技术规程	JGJ 231—2010

六、城镇建设、建筑工业产品标准

1. 概念

产品是过程的结果，从广义上说，产品可分为四类：硬件、软件、服务、流程性材料。许多产品是由不同类别的产品构成，判断产品是硬件、软件、还是服务，主要取决于主导成分。这里所提到的产品,主要是指生产企业向顾客或市场以商品形式提供的制成品。在工程建设中,产品是指应用到工程中的材料、制品、配件等,构成建设工程的一部分。

产品标准是对产品结构、规格、质量和检验方法所做的技术规定,是保证产品适用性的依据,也是产品质量的衡量依据。在目前工程建设中所用产品数量、品种、规格较多,针对建筑产品管理常用的标准包括的产品标准和产品检验标准。

这类标准规定了产品的品种,对产品的种类及其参数系列做出统一规定;另外,规定了产品的质量,既对产品的主要质量要素(项目)做出合理规定,同时对这些质量要素的检测(试验方法)以及对产品是否合格的判定规则作出规定。

2. 重要城镇建设、建筑工业产品标准

重要城镇建设、建筑工业产品标准如下表:

表 2-5　城镇建设、建筑工业产品标准摘录

序号	标准名称	标准编号
1	预拌混凝土	GB/T 14902—2012
2	聚羧酸系高性能减水剂	JG/T 223—2007
3	钢纤维混凝土	JG/T 3064—1999
4	预应力混凝土空心方桩	JG 197—2006
5	冷轧扭钢筋	JG 190—2006
6	建筑用不锈钢钢绞线	JG/T 200—2007
7	混凝土结构用成型钢筋	JG/T 226—2008
8	结构用高频焊接薄壁 H 型钢	JG/T 137—2007
9	冷弯钢板桩	JG/T 196—2007
10	混凝土用膨胀型、扩孔型建筑锚栓	JG 161—2004
11	纤维片材加固修复结构用粘接树脂	JG/T 166—2004
12	结构加固修复用碳纤维片材	JG/T 167—2004

第三章　标准体系构建

第一节　工程建设标准体系

一、工程建设标准体系制定

(一)制定标准体系的作用及原则

1. 制定标准体系的作用

标准体系的建立可有效促进工程建设标准化的改革与发展,保护国内市场、开拓国际市场,提高标准化管理水平,确保标准编制工作的秩序,减少标准之间的重复与矛盾,因此,运用系统分析的方法建立标准体系十分重要。

工程建设标准体系是指导今后一定时期内工程建设标准制、修订立项,以及标准的科学管理的基本依据。

2. 制定标准体系的原则

(1)有利于推进工程建设标准体制、管理体制、运行机制的改革,有利于工程建设标准化工作的科学管理。

(2)有利于满足新技术的发展及推广,尤其是高新技术在工程建设领域的推广应用,充分发挥标准化的桥梁作用,扩大覆盖面,起到保证工程建设质量与安全的技术控制作用。

(3)应以最小的资源投入获得最大标准化效果的思想为指导,兼顾现状并考虑今后一定时期内技术发展的需要,以合理的标准数量覆盖最大范围。

(4)以系统分析的方法,做到结构优化、数量合理、层次清楚、分类明确、协调配套,形成科学、开放的有机整体。

(二)标准体系的总体构成

工程建设标准体系现包括 15 部分,如城乡规划、城镇建设、房屋建筑、铁路工程、水利工程、矿山工程等。每部分体系包含若干专业,其框架如图 3-1 所示。

每部分体系中的综合标准(图 3-1 左侧)均是涉及质量、安全、卫生、环保和公众利益等方面的目标要求,或为达到这些目标而必需的技术要求及管理要求。它对该部分所包含各专业的各层次标准均具有制约和指导作用。

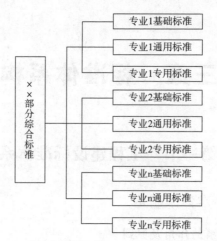

图 3-1　工程建设标准体系(××部分)框架示意图

　　每部分体系中所含各专业的标准分体系(图 3-1 右侧),按各自学科或专业内涵排列,在体系框图中竖向分为基础标准、通用标准和专用标准三个层次。上层标准的内容包括了其以下各层标准的某个或某些方面的共性技术要求,并指导其下各层标准,共同成为综合标准的技术支撑。

　　(1)基础标准。基础标准是指在某一专业范围内作为其他标准的基础并普遍使用,具有广泛指导意义的术语、符号、计量单位、图形、模数、基本分类、基本原则等的标准。如城市规划术语标准、建筑结构术语和符号标准等。

　　(2)通用标准。通用标准是指针对某一类标准化对象制定的覆盖面较大的共性标准。它可作为制定专用标准的依据。如通用的安全、卫生与环保要求,通用的质量要求,通用的设计、施工要求与试验方法,以及通用的管理技术等。

　　(3)专用标准。专用标准是指针对某一具体标准化对象或作为通用标准的补充、延伸制定的专项标准。它的覆盖面一般不大。如某种工程的勘察、规划、设计、施工、安装及质量验收的要求和方法,某个范围的安全、卫生、环保要求,某项试验方法,某类产品的应用技术以及管理技术等。

(三)标准体系表述

　　为准确、详细地描述每部分体系所含各专业的标准分体系,用专业综述、专业的标准分体系框图(图 3-2)、专业标准体系表和项目说明四部分进行表述。

　　(1)各专业的综述部分重点论述了国内外的技术发展、国内外技术标准的现状与发展趋势、现行标准的立项等问题,以及新制订专业标准体系的特点。

　　(2)城乡规划、城镇建设和房屋建筑三部分体系所对应包含的专业,按表 3-4 划分为 17 个专业。在每个专业内还可按学科或流程分为若干门类。目前,在专业分类中暂未包含工业建筑和建筑防火。

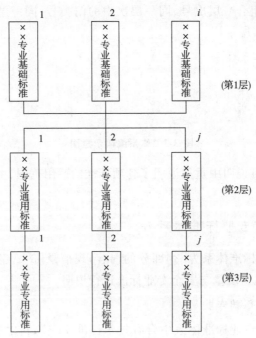

图 3-2 专业的标准分体系框图示意图

表 3-1 专业分类表

专业号	专业名称	专业号	专业名称
[1]1	城乡规划	[2]9	城市与工程防灾
[2]1	城乡工程勘察测量	[3]1	建筑设计
[2]2	城镇公共交通	[3]2	建筑地基基础
[2]3	城镇道路桥梁	[3]3	建筑结构
[2]4	城镇给水排水	[3]4	建筑施工质量与安全
[2]5	城镇燃气	[3]5	建筑维护加固与房地产
[2]6	城镇供热	[3]6	建筑室内环境
[2]7	城镇市容环境卫生	[4]1	信息技术应用
[2]8	风景园林		

注:1. 专业编号中,[1]为城乡规划部分,[2]为城镇建设部分,[3]为房屋建筑部分;[4]为信息技术应用,为[1]、[2]、[3]内容部分共有。

2. 村镇建设的内容包含在各有关专业中。

3. 建筑材料应用、产品检测的内容包含在"建筑施工质量与安全"专业中。

(3)每部分中各专业标准体系表的栏目包括标准的体系编码、标准名称、与该标准相关的现行标准编号和备注4栏。体系编码为四位编码,分别代表专业号（与部分号并列组合）、层次号、同一层次中的门类号、同一层次同一门类中的标准序号，如图 3-3 所示。

图 3-3　体系编码示意图

（4）各标准项目说明中重点说明了各项标准的适用范围、主要内容及与相关标准的关系。

二、房屋建筑专业标准体系

房屋建筑专业标准体系为[3]部分的内容，现摘录[3]2 建筑地基基础专业标准和[3]4 建筑施工质量与安全专业标准进行说明。

（一）建筑地基基础专业

建筑地基基础专业标准体系中含有技术标准 14 项，其中基础标准 1 项、通用标准 2 项、专用标准 11 项；本标准体系是开放型的，技术标准的名称、内容和数量均可根据需要而适时调整。

1. 建筑地基基础专业标准分体系[3]2 框图

建筑地基基础专业标准分体系[3]2 框图，如图 3-4 所示。

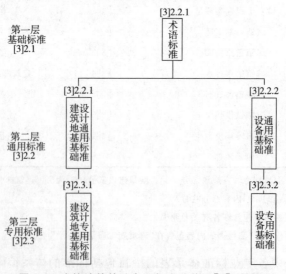

图 3-4　建筑地基基础专业标准分体系[3]2 框图

2. 建筑地基基础专业标准体系[3]2 表

(1)[3]2.1 基础标准,见表 3-2。

表 3-2 [3]2.1 基础标准

体系编码	标准名称	现行标准	备注
[3]2.1.1	术语标准		
[3]2.1.1.1	建筑地基基础专业术语		

(2)[3]2.2 通用标准,见表 3-3。

表 3-3 [3]2.2 通用标准

体系编码	标准名称	现行标准	备注
[3]2.2.1	建筑地基基础设计通用标准		
[3]2.2.1.1	建筑地基基础设计规范	GB 50007—2011	
[3]2.2.2	设备基础通用标准		
[3]2.2.2.1	动力机器基础设计规范	GB 50040—1996	

(3)[3]2.3 专用标准,见表 3-4。

表 3-4 [3]2.3 专用标准

体系编码	标准名称	现行标准	备注
[3]2.3.1	建筑地基基础设计专用标准		
[3]2.3.1.1	建筑桩基技术规范	JGJ 94—2008	
[3]2.3.1.2	高层建筑筏形与箱形基础技术规范	JGJ 6—2011	
[3]2.3.1.3	冻土地区建筑地基基础设计规范	JGJ 118—2011	
[3]2.3.1.4	膨胀土地区建筑技术规范	GB 50112—2013	
[3]2.3.1.5	湿陷性黄土地区建筑规范	GB 50025—2004	
[3]2.3.1.6	盐渍土地区工业与民用建筑规范		
[3]2.3.1.7	岩溶地区建筑地基基础设计规范		
[3]2.3.1.8	建筑地基处理技术规范	JGJ 79—2012	
[3]2.3.1.9	建筑边坡工程技术规范	GB 50330—2002	
[3]2.3.1.10	建筑基坑支护技术规程	JGJ 120—2012	
[3]2.3.2	设备基础专用标准		
[3]2.3.2.1	地基动力特性测试规范	GB/T 50269—1997	

3. 地基基础标准项目说明

[3]2.1 基础标准

[3]2.1.1 术语标准

[3]2.1.1.1《建筑地基基础专业术语》

本标准适用于统一地基基础专业术语、英文译名及符号,作为通用标准及专用标准的基础,主要内容为中英对照的地基基础专业术语及符号。

[3]2.2 通用标准

[3]2.2.1 建筑地基基础设计通用标准

[3]2.2.1.1《建筑地基基础设计规范》

本标准作为本专业专用标准的编制依据,主要内容为建筑地基基础的设计原则、地基承载力的确定方法及容许承载力、地基变形的计算方法及允许值、地基稳定性的基本要求及计算原则、各类基础设计的原则和要求。基础计算体系和截面设计规则与上部结构标准一致。

[3]2.2.2 设备基础通用标准

[3]2.2.2.1《动力机器基础设计规范》

本标准适用于活塞式压缩机、汽轮机组和电机等动力机器的基础设计。规定了各类机器基础的动力分析、强度计算和构造措施,规定了地面竖向振动衰减计算公式,以及各类机器基础的允许振幅值。

[3]2.3 专用标准

[3]2.3.1 建筑地基基础设计专用标准

[3]2.3.1.1《建筑桩基技术规范》

本标准适用于工业与民用建筑(包括构筑物)桩基的设计与施工。主要内容为桩基构造;桩基计算;灌注桩、预制桩和钢桩的施工;承台设计与施工;桩基工程质量检查及验收。

[3]2.3.1.2《高层建筑筏形与箱形基础技术规范》

本标准适用于高层建筑筏形与箱形基础的设计与施工。主要内容为箱、筏基础的勘察要点、地基计算、结构设计与构造要求及施工要点。

[3]2.3.1.3《冻土地区建筑地基基础设计规范》

本标准适用于冻土地区建筑地基基础的设计。规定了永久冻土和季节性冻土两种建筑地基基础的设计原则和方法。

[3]2.3.1.4《膨胀土地区建筑技术规范》

本标准适用于膨胀土地区工业与民用建筑物的勘察、设计、施工和维护管理。主要内容为膨胀土的判别、膨胀土地基的分级、膨胀与收缩变形的计算、湿陷系数的计算方法;膨胀土地基设计方法、处理方法;坡地建筑地基水平膨胀的防治措施;膨胀土中桩的设计方法以及膨胀土地基的施工与维护等。

[3]2.3.1.5《湿陷性黄土地区建筑规范》

本标准适用于湿陷性黄土地区工业与民用建筑物、构筑物及其附属工程的勘察、设计、施工和维护管理。主要内容为湿陷性黄土的判别、黄土地基的设计、沉降计算、黄土地基处理的方法、防水与结构措施等。

[3]2.3.1.6《盐渍土地区工业与民用建筑规范》

本标准适用于盐渍土地区工业与民用建筑的设计与施工。主要内容为盐渍土的鉴别、盐渍土的处理、盐渍土地区建筑地基基础的设计方法和施工要求等。

[3]2.3.1.7《岩溶地区建筑地基基础设计规范》

本标准用于岩溶地区建筑的地基基础设计。主要内容为岩溶地基的设计原则、岩溶的判别、岩溶地基的计算、岩溶地基上基础的结构计算与构造要求。

[3]2.3.1.8《建筑地基处理技术规范》

本标准适用于建筑工程地基处理的设计、施工和质量检验。规定约 13 类 22 种主要地基处理方法的适用范围、设计与施工方法及质量检验标准。

[3]2.3.1.9《建筑边坡工程技术规范》

本标准适用于建筑边坡工程的勘察、设计与施工。主要内容是规定建造房屋等建筑工程所应考虑的场地地质条件、规划、荷载和减灾措施等设计原则;岩、土边坡的地质勘察;稳定性评价;侧向岩、土压力的计算;各类锚固结构及挡墙的设计方法,以及工程滑坡、危岩、崩塌的防治;边坡工程的施工和监测。

[3]2.3.1.10《建筑基坑支护技术规程》

本标准适用于深基坑的开挖与支护的设计与施工。主要内容为:排桩、地下连续墙、水泥土墙、土钉墙、逆作拱墙设计计算、构造要求、施工要点和地下水控制。

[3]2.3.2 设备基础专用标准

[3]2.3.2.1《地基动力特性测试规范》

本标准适用于地基动力特性的测试。主要内容为地基动力参数(抗压、抗弯、抗剪、抗扭刚度系数)的测定方法,对块体基础自由振动和强迫振动试验方法作出规定。

(二)建筑施工质量与安全专业

建筑施工质量与安全标准体系含有技术标准 96 项。其中基础标准 6 项、通用标准 42 项、专用标准 48 项。本体系是开放性的,技术标准的名称、内容和数量均可根据需要而适时调整。

1. 建筑施工质量与安全专业标准分体系[3]4 框图

建筑施工质量与安全专业标准分体系[3]4 框图,如图 3-5 所示。

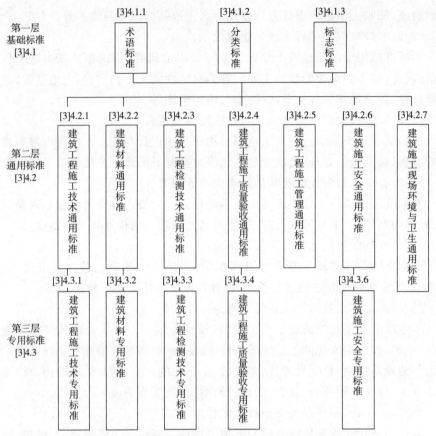

图 3-5　建筑施工质量与安全专业标准分体系[3]4 框图

2. 建筑施工质量与安全专业标准体系[3]4 表

(1)[3]4.1 基础标准,见表 3-5。

表 3-5　[3]4.1 基础标准

体系编码	标准名称	现行标准	备注
[3]4.1.1	术语标准		
[3]4.1.1.1	建筑工程施工技术术语标准		
[3]4.1.1.2	建筑材料术语标准	JGJ/T 191—2009	
[3]4.1.1.3	建筑工程施工质量验收语标准		
[3]4.1.1.4	建筑施工安全与卫生术语标准		
[3]4.1.2	分类标准		
[3]4.1.2.1	建筑材料分类标准		
[3]4.1.3	标志标准		
[3]4.1.3.1	建筑施工现场安全与卫生标志标准	GB 2893,GB 2894	

（2）[3]4.2通用标准，见表3-6。

表3-6 [3]4.2通用标准

体系编码	标准名称	现行标准	备注
[3]4.2.1	建筑工程施工技术通用标准		
[3]4.2.1.1	地基基础施工技术规范		
[3]4.2.1.2	混凝土结构工程施工技术规范		
[3]4.2.1.3	砌体结构工程施工技术规范		
[3]4.2.1.4	钢结构工程施工技术规范		
[3]4.2.1.5	木结构工程施工技术规范		
[3]4.2.1.6	建筑装饰工程施工技术规范		
[3]4.2.1.7	建筑电气工程施工技术规范		
[3]4.2.1.8	建筑防水工程施工技术规范		
	城镇室内燃气工程施工及验收规范		[2]5.2.4.2
	采暖通风和空调工程施工规范		[3]6.2.1.2
[3]4.2.2	建筑材料通风标准		
[3]4.2.2.1	普通混凝土拌合物性能试验方法标准	GB/T 50080—2002	
[3]4.2.2.2	普通混凝土力学性能试验方法标准	GB/T 50081—2002	
[3]4.2.2.3	普通混凝土长期性能和耐久性能试验方法标准	GB/T 50082—2009	
[3]4.2.2.4	混凝土强度检验评定标准	GB/T 50107—2010	
[3]4.2.2.5	建筑砂浆基本性能试验方法标准	JGJ/T 70—2009	
[3]4.2.2.6	砌体基本力学性能试验方法标准	GB/T 50129—2011	
[3]4.2.2.7	建筑幕墙气密、水密、抗风压性能检测方法	GB/T 15227—2007	
[3]4.2.3	建筑工程检测技术通风标准		
[3]4.2.3.1	地基与基础检测技术标准		
[3]4.2.3.2	建筑工程基桩检测技术规范		在编
[3]4.2.3.3	建筑结构检测技术标准	GB/T 50344—2004	
[3]4.2.3.4	砌体工程现场检测技术标准	GB/T 50315—2010	
[3]4.2.3.5	混凝土结构现场检测技术标准	GB/T 50784—2013	
[3]4.2.3.6	钢结构现场检测技术标准	GB/T 50621—2010	
[3]4.2.3.7	混凝土结构试验方法标准	GB/T 50152—2012	
[3]4.2.3.8	木结构试验方法标准	GB/T 50329—2002	
[3]4.2.3.9	民用建筑工程室内环境污染控制规范	GB 50325—2010	
[3]4.2.4	建筑工程施工质量验收通用标准		
[3]4.2.4.1	建筑工程施工质量验收统一标准	GB 50300—2001	

（续）

体系编码	标准名称	现行标准	备注
[3]4.2.4.2	建筑地基基础工程施工质量验收规范	GB 50202—2002	
[3]4.2.4.3	地下防水工程质量验收规范	GB 50208—2011	
[3]4.2.4.4	混凝土结构工程施工质量验收规范	GB 50204—2002	
[3]4.2.4.5	砌体结构工程施工质量验收规范	GB 50203—2011	
[3]4.2.4.6	钢结构工程施工质量验收规范	GB 50205—2001	
[3]4.2.4.7	木结构工程施工质量验收规范	GB 50206—2012	
[3]4.2.4.8	建筑装饰装修工程质量验收规范	GB 50210—2001 GB 50078—2008	
[3]4.2.4.9	烟囱工程施工及验收规范		
[3]4.2.4.10	建筑给水排水及采暖工程施工质量验收规范	GB 50242—2002	
[3]4.2.4.11	建筑电气工程施工质量验收规范	GB 50303—2002	
[3]4.2.4.12	智能建筑工程质量验收规范	GB 50339—2003	
	通风与空调工程施工质量验收规范	GB 50243—2006	[3]6.3.1.6
	城镇室内燃气工程施工及验收规范		[3]5.2.4.2
[3]4.2.5	建筑工程施工管理通用标准		
[3]4.2.5.1	建设工程项目管理规范	GB/T 50326—2006	
[3]4.2.5.2	建设工程监理规范	GB 50319—2000	
[3]4.2.5.3	建设工程质量监督规范		在编
[3]4.2.6	建筑施工安全通用标准		
[3]4.2.6.1	建筑施工安全管理规范		
[3]4.2.6.2	建筑施工安全技术统一规范	GB50870—2013	
[3]4.2.7	建筑施工现场环境与卫生通用标准		
[3]4.2.7.1	建筑施工现场环境与卫生标准	JGJ 146—2004	

（3）[3]4.3 专用标准，见表 3-7。

表 3-7　[3]4.3 专用标准

体系编码	标准名称	现行标准	备注
[3]4.3.1	建筑工程施工技术专用标准		
[3]4.3.1.1	屋面工程质量验收规范	GB 50207—2012	
[3]4.3.1.2	复合墙体施工技术规程		
[3]4.3.1.3	混凝土泵送施工技术规程	JGJ/T 10—2011	

（续）

体系编码	标准名称	现行标准	备注
[3]4.3.1.4	钢筋焊接及验收规程	JGJ 18—2012	
[3]4.3.1.5	钢筋机械连接技术规程	JGJ 107—2010	
[3]4.3.1.6	预应力用锚具、夹具和连接器应用技术规程	JGJ 85—2010	
[3]4.3.1.7	塑料门窗工程技术规程	JGJ 103—2008	
[3]4.3.2	建筑材料专用标准		
[3]4.3.2.1	普通混凝土用砂、石质量及检验方法标准	JGJ 52—2006	
[3]4.3.2.2	混凝土用水标准	JGJ 63—2006	
[3]4.3.2.3	普通混凝土配合比设计规范	JGJ 55—2011	
[3]4.3.2.4	混凝土外加剂应用技术规程	GB 50119—2003	
[3]4.3.2.5	早期推定混凝土强度试验方法标准	JGJ 15—2008	
[3]4.3.2.6	轻骨料混凝土技术规程	JGJ 51—2002	
[3]4.3.2.7	蒸压加气混凝土建筑应用技术规程	JGJ/T 17—2008	
[3]4.3.2.8	掺合料在混凝土中应用技术规程		
[3]4.3.2.9	砌筑砂浆配合比设计规程	JGJ/T 98—2010	
[3]4.3.2.10	蒸压加气混凝土性能试验方法	GB/T 11969—2008	
[3]4.3.2.11	混凝土小型空心砌块试验方法	GB/T 4111—1997	
[3]4.3.2.12	纤维混凝土应用技术规程	JGJ/T 221—2010	
[3]4.3.2.13	建筑玻璃应用技术规程	JGJ 113—2009	
[3]4.3.3	建筑工程检测技术专用标准		
[3]4.3.3.1	高强混凝土强度检测技术规程		
[3]4.3.3.2	建筑工程饰面砖粘结强度检验标准	JGJ 110—2008	
[3]4.3.3.3	建筑门窗现场检测技术规程		
[3]4.3.3.4	外墙外保温检测技术规程		
[3]4.3.3.5	砌块结构检测技术规程		
[3]4.3.3.6	房屋渗漏检测方法规程		
[3]4.3.3.7	玻璃幕墙工程质量检验标准	JGJ/T 139—2001	
[3]4.3.3.8	网架结构质量检测规程		
[3]4.3.3.9	钢筋焊接接头试验方法标准	JGJ/T 27—2014	
[3]4.3.4	建筑工程施工质量验收专用标准		
[3]4.3.4.1	建筑保温隔热工程技术规程		
[3]4.3.4.2	电梯工程施工质量验收规范	GB 50310—2002	

（续）

体系编码	标准名称	现行标准	备注
[3]4.3.4.3	人民防空工程施工及验收规范	GB 50134—2004	
	洁净室施工及验收规范	GB 50591—2010	[3]6.3.1.2
[3]4.3.4.4	钢框胶合板模板技术规程	JGJ 96—2011	
[3]4.3.6	建筑施工安全专用标准		
[3]4.3.6.1	土石方工程施工安全技术规程		在编
[3]4.3.6.2	建筑施工安全检查标准	JGJ 59—2011	
[3]4.3.6.3	建筑施工门式钢管脚手架安全技术规范	JGJ 128—2010	
[3]4.3.6.4	建筑施工扣件式钢管脚手架安全技术规范	JGJ 130—2011	
[3]4.3.6.5	建筑施工碗扣式钢管脚手架安全技术规范	JGJ 166—2008	
[3]4.3.6.6	建筑施工木脚手架安全技术规程		在编
[3]4.3.6.7	建筑施工竹脚手架安全技术规程		在编
[3]4.3.6.8	建筑施工工具式脚手架安全技术规程		在编
[3]4.3.6.9	建筑施工模板安全技术规程		在编
[3]4.3.6.10	建筑施工高处作业安全技术规范	JGJ 80—91	
[3]4.3.6.11	建筑机械使用安全技术规程	JGJ 33—2012	
[3]4.3.6.12	龙门架及井架物料提升机安全技术规范	JGJ 88—2010	
[3]4.3.6.13	建筑施工起重吊装作业安全技术规程		在编
[3]4.3.6.14	施工现场临时用电安全技术规范	JGJ 46—2005	
[3]4.3.6.15	建筑物拆除工程安全技术规程		在编

3. 建筑施工质量与安全标准项目说明

[3]4.1 基础标准

[3]4.1.1 术语标准

[3]4.1.1.1《建筑工程施工技术术语标准》

本标准适用于建筑施工技术应采用的统一术语,主要内容为建筑施工技术操作工艺、过程控制等基本名词术语。

[3]4.1.1.2《建筑材料术语标准》

本标准适用于建筑材料性能检验和评价结果等应采用的统一术语,主要内容为建筑材料按品种、性能等要素定义的基本名词术语。

[3]4.1.1.3《建筑工程施工质量验收术语标准》

本标准适用于建筑施工质量验收应采用的统一术语,主要内容为建筑工程施工质量验收所涉及检验批、分项工程、分部工程、单位工程及抽样检验等基本名词术语。

[3]4.1.1.4《建筑施工安全与卫生术语标准》

本标准适用于建筑施工安全与卫生应采用的统一术语,主要内容为有关建筑施工安全等常用的基本名词术语。

[3]4.1.2 分类标准

[3]4.1.2.1《建筑材料分类标准》

本标准适用于建筑材料的分类,主要内容为建筑材料按品种、性能等要素分类。

[3]4.1.3 标志标准

[3]4.1.3.1《建筑施工现场安全与卫生标志标准》

本标准适用于建筑施工现场的安全标志,主要内容为有关建筑施工现场的安全标志意义及其使用要求。

[3]4.2 通用标准

[3]4.2.1 建筑工程施工技术通用标准

[3]4.2.1.1《地基基础施工技术规范》

本标准适用于地基基础的施工,主要内容为不同地基处理和桩基、箱基等基础施工操作技术、施工工艺及质量控制。

[3]4.2.1.2《混凝土结构工程施工技术规范》

本标准适用于混凝土结构工程的施工,主要内容为对混凝土施工的模板、钢筋和现浇混凝土等操作技术、施工工艺及质量控制。

[3]4.2.1.3《砌体结构工程施工技术规范》

本标准适用于砌体结构工程的施工,主要内容为砖砌体、空心砌块砌体、配筋砌体等施工操作技术、施工工艺及质量控制。

[3]4.2.1.4《钢结构工程施工技术规范》

本标准适用于钢结构工程的施工,主要内容为钢结构焊接、连接和安装等施工操作技术、施工工艺及质量控制。

[3]4.2.1.5《木结构工程施工技术规范》本标准适用于木结构工程的施工,主要内容为方木和原木结构、胶合木结构、木构件防护等木结构工程施工的操作技术、施工工艺及质量控制。

[3]4.2.1.6《建筑装饰工程施工技术规范》

本标准适用于建筑装饰工程的施工,主要内容为地面、抹灰、门窗安装、吊顶等装饰装修操作技术、施工工艺及质量控制。

[3]4.2.1.7《建筑电气工程施工技术规范》

本标准适用于建筑电气工程的施工,主要内容为电气工程施工的操作技术、施工工艺及质量控制。

[3]4.2.1.8《建筑防水工程施工技术规范》

本标准适用于地下防水、屋面防水和卫生间防水等工程的施工,主要内容为卷材防水、刚性防水等操作技术、施工工艺及质量控制。

[3]4.2.2 建筑材料通用标准

[3]4.2.2.1《普通混凝土拌合物性能试验方法标准》

本标准适用于工业与民用建筑以及构筑物普通混凝土拌合物基本性能试验,主要内容为普通混凝土拌合物的取样及试样的制备;稠度试验;凝结时间试验;泌水与压力泌水实验;表观密度试验;含气量试验;配合比分析试验等有关试验方法。

[3]4.2.2.2《普通混凝土力学性能试验方法标准》

本标准适用于工业与民用建筑以及构筑物普通混凝土力学基本性能试验,包括立方体试件以及圆柱体试件。主要内容为取样及试件形状和公差;试验设备;试件的制作和养护;抗压强度试验;轴心抗压强度试验;静力受压弹性模量试验;劈裂抗拉强度试验;抗折强度试验等有关试验方法。

[3]4.2.2.3《普通混凝土长期性能和耐久性能试验方法标准》

本标准适用于工业与民用建筑以及构筑物普通混凝土长期性能和耐久性基本性能试验。主要内容为试验设备;试件的制作和养护;抗冻试验;受压徐变试验;收缩试验;动弹模试验;抗渗试验等有关试验方法。还应增加钢筋锈蚀试验、抗氯离子渗透(电量渗透)试验等有关混凝土耐久性能方面的试验方法。

[3]4.2.2.4《混凝土强度检验评定标准》

本标准适用于混凝土抗压强度检验评定。主要内容为混凝土强度评定的基本原则;混凝土的取样、试件的制作、养护和试验;混凝土强度的检验评定。

[3]4.2.2.5《建筑砂浆基本性能试验方法标准》

本标准适用于以水泥、砂、石灰和掺合料等为主要材料用于房屋建筑及一般构筑物中砌筑、抹灰等用途的建筑砂浆的基本试验。主要内容为建筑砂浆拌合物取样及试样制备、稠度试验、密度试验、分层度试验、凝结时间测定、立方体抗压强度试验、静力受压弹性模量试验、抗冻性能试验、收缩试验等试验方法。

[3]4.2.2.6《砌体基本力学性能试验方法标准》

本标准适用于工业与民用建筑的砌体力学性能试验与检验。主要内容为试件制作和试验的基本规定,砌体抗压试验方法,砌体抗剪试验方法和砌体弯曲抗拉试验方法等。

[3]4.2.2.7《建筑幕墙气密、水密、抗风压性能检测方法》

本标准适用于建筑幕墙力学性能的检测,主要内容为建筑幕墙的抗风压变形、雨水渗漏等性能检测的基本方法和评价指标。

[3]4.2.3 建筑工程检测技术通用标准

[3]4.2.3.1《地基与基础检测技术标准》

本标准适用于地基与基础质量检测，主要内容为各类地基的检测方法、抽样数量及评价标准和基础的基本检测方法。

[3]4.2.3.2《建筑工程基桩检测技术规范》

本标准适用于基桩工程质量检测，主要内容为低应变及超声测桩身完整性、高应变及静载测基桩承载力等的基本检测方法。

[3]4.2.3.3《建筑结构检测技术标准》

本标准适用于建筑结构质量检测，主要内容为结构检测的基本要求、砌体结构、钢筋混凝土结构、钢结构和木结构的基本检测方法及结果评价等。

[3]4.2.3.4《砌体工程现场检测技术标准》

本标准适用于砌体和砂浆强度的现场检测方法，主要内容为砌体强度测定的原位轴压法、扁顶法和砂浆测定的回弹法等，还应包括贯入法检测砂浆抗压强度。

[3]4.2.3.5《混凝土结构现场检测技术标准》

本标准适用于混凝土结构的现场检测，主要内容为回弹、钻芯、回弹超声综合法及后装拔出法以及混凝土内部缺陷检测和钢筋位置检测方法等。将 JGJ/T 23—2011、CECS02：88、CECS21：2000 和 CECS69：94 合并为一本混凝土结构现场检测技术标准。

[3]4.2.3.6《钢结构现场检测技术标准》

本标准适用于钢结构工程质量检测，主要内容为钢结构焊接、安装和挠度及尺寸偏差等的现场检测方法。

[3]4.2.3.7《混凝土结构试验方法标准》

本标准适用于混凝土结构和构件的基本试验，主要内容为构件承载力试验、抗裂试验的方法和试验结果整理等。

[3]4.2.3.8《木结构试验方法标准》

本标准适用于木结构和构件的基本试验，主要内容为构件、各种节点承载力的试验方法及试验结果的整理。

[3]4.2.3.9《民用建筑工程室内环境污染控制规范》

本标准适用于民用建筑室内环境污染程度检测，主要内容为对室内污染的苯、甲醛、氨等污染指标和基本检测方法及其检验结果的评价。

[3]4.2.4 建筑工程施工质量验收通用标准

[3]4.2.4.1《建筑工程施工质量验收统一标准》

本标准适用于建筑单位工程施工质量验收标准以及各专业验收的统一原

则,主要内容为建筑工程施工质量验收的基本要求,检验批、分项、分部和单位工程的划分、验收标准和验收程序与组织等。

[3]4.2.4.2《建筑地基基础工程施工质量验收规范》

本标准适用于地基与基础工程的施工质量验收,主要内容为地基与基础工程的检验批和分项工程以及该分部工程施工质量验收的标准和要求。

[3]4.2.4.3《地下防水工程质量验收规范》

本标准适用于防水工程的施工质量验收,主要内容为防水工程的检验批和分项工程以及分部工程施工质量验收的要求。建议把屋面、地下和卫生间防水一起合并为防水工程施工质量验收规范。

[3]4.2.4.4《混凝土结构工程施工质量验收规范》

本标准适用于混凝土结构工程的施工质量验收,主要内容为混凝土结构工程的检验批和分项工程以及分部工程施工质量验收的要求。

[3]4.2.4.5《砌体结构工程施工质量验收规范》

本标准适用于砌体结构工程的施工质量验收,主要内容为砌体结构工程的检验批和分项工程以及分部工程施工质量验收的要求。

[3]4.2.4.6《钢结构工程施工质量验收规范》

本标准适用于钢结构工程的施工质量验收,主要内容为钢结构工程的检验批和分项工程以及分部工程施工质量验收的要求。

[3]4.2.4.7《木结构工程施工质量验收规范》

本标准适用于木结构工程的施工质量验收,主要内容为木结构工程的检验批和分项工程以及分部工程施工质量验收的要求。

[3]4.2.4.8《建筑装饰装修工程质量验收规范》

本标准适用于建筑装饰装修工程的质量验收,主要内容为地面、门窗、吊顶工程的检验批和分项工程以及分部工程施工质量验收的要求。建议将《地面与楼面工程质量验收规范》(GB 50209—2010)纳入本标准,鉴于幕墙工程为围护结构建议单独形成一本验收标准。

[3]4.2.4.9《烟囱工程质量验收规范》

本标准适用于烟囱工程的施工质量验收,主要内容为烟囱、水塔等构造物工程的检验批和分项工程以及分部工程施工质量验收的要求。

[3]4.2.4.10《建筑给水排水及采暖工程施工质量验收规范》

本标准适用于采暖与给水排水工程的施工质量验收,主要内容为采暖与给水排水工程的检验批和分项工程以及分部工程施工质量验收的要求。

[3]4.2.4.11《建筑电气工程施工质量验收规范》

本标准适用于建筑电气工程的施工质量验收,主要内容为室外电气、变配电、供电干线、电气动力、电气照明安装等工程的检验批和分项工程以及分部工程施工质量验收的要求。

[3]4.2.4.12《智能建筑工程质量验收规范》

本标准适用于智能建筑工程的施工质量验收,主要内容为综合布线、智能化集成等工程的检验批和分项工程以及分部工程施工质量验收的要求。

[3]4.2.5 建筑工程施工管理通用标准

[3]4.2.5.1《建设工程项目管理规范》

本标准适用于建设项目管理,主要内容为项目报建、开工、造价和施工过程管理的有关要求。

[3]4.2.5.2《建设工程监理规范》

本标准适用于建设工程监理,主要内容为建设工程质量、成本、进度等监理的有关要求。

[3]4.2.5.3《建设工程质量监督规范》

本标准适用于建设工程质量监督,主要内容为对承建各方质量行为和地基基础、主体结构质量监督的有关要求。

[3]4.2.6 建筑施工安全通用标准

[3]4.2.6.1《建筑施工安全管理规范》

本标准适用于建筑施工安全管理,内容按照"建筑法"中确定的五项制度即①安全生产责任制;②教育、培训;③群防群治;④伤亡事故报告;⑤意外伤害保险等的安全监督检查的要求。

[3]4.2.6.2《建筑施工安全技术统一规范》

本标准原名《建筑工程施工安全技术规范》,去掉"工程"以利于"旧建筑物"包括在内,"工程"一般指新的。"建筑"专指房屋建筑,总则中应指明,不包括"水利、铁路、公路、冶金……",增加安全设计的一般规定。

[3]4.2.7 建筑施工现场环境与卫生通用标准

[3]4.2.7.1《建筑施工现场环境与卫生标准》

本标准适用于规范建筑施工现场环境与卫生,主要内容为施工现场周边环境;施工现场的围挡、封闭;场区内的道路、排水、材料堆放、尘毒作业及五小设施的卫生等。

[3]4.3 专用标准

[3]4.3.1 建筑工程施工技术专用标准

[3]4.3.1.1《屋面工程质量验收规范》

本标准适用于屋面工程的施工,主要内容为屋面保温隔热工程的施工技术和操作工艺及质量控制。

[3]4.3.1.2《复合墙体施工技术规程》

本标准适用于复合墙体工程的施工,主要内容为复合墙体达到保温、承载力要求的施工技术和操作工艺及质量控制。

[3]4.3.1.3《混凝土泵送施工技术规程》

本标准适用于混凝土泵送施工,主要内容为泵送混凝土坍落度等施工技术和操作工艺及质量控制。

[3]4.3.1.4《钢筋焊接及验收规程》

本标准适用于钢筋气压焊的施工,主要内容为钢筋气压焊的施工技术和操作工艺及质量控制。《钢筋焊接及验收规程》(JGJ 18—2012)合并入本标准。

[3]4.3.1.5《钢筋机械连接技术规程》

本标准适用于钢筋机械连接,主要内容为钢筋机械连接的施工技术和操作工艺及质量控制,建议把《带肋钢筋套筒挤压连接技术规程》(JGJ 108—1996)和《钢筋锥螺纹接头技术规程》(JGJ 109—1996)与《钢筋机械连接通用技术规程》(JGJ 107—2010)合并。

[3]4.3.1.6《预应力用锚具、夹具和连接器应用技术规程》

本标准适用于建筑工程预应力工程的施工,主要内容为预应力锚夹具、预应力张拉等的施工技术和操作工艺及质量控制。

[3]4.3.1.7《塑料门窗工程技术规程》

本标准适用于塑料门窗安装,主要内容为塑料门窗安装的施工技术及操作工艺及质量控制。

[3]4.3.2 建筑材料专用标准

[3]4.3.2.1《普通混凝土用砂、石质量及检验方法标准》

本标准适用于一般工业与民用建筑和构筑物中普通混凝土用砂和用最大粒径不大于 80mm 的碎石或卵石的质量检验。主要内容为质量要求、验收、运输和堆放、取样方法和检验方法。特细砂和机制砂应包含在本标准中。

[3]4.3.2.2《混凝土用水标准》

本标准适用于工业与民用建筑和一般构筑物的普通混凝土拌合用水。主要内容为混凝土拌合用水的类型、技术要求、取样、试验方法和结果及评定等。

[3]4.3.2.3《普通混凝土配合比设计规范》

本标准适用于工业与民用建筑与一般构筑物用的普通混凝土配合比设计。主要内容为混凝土配制强度的确定,混凝土配合比设计中基本参数的选取,混凝土配合比的设计,混凝土配合比的试配、调整与确定,特殊要求混凝土的配合比设计如抗渗混凝土、抗冻混凝土、高强混凝土、泵送混凝土、大体积混凝土等。

[3]4.3.2.4《混凝土外加剂应用技术规程》

本标准适用于普通减水剂、高效减水剂、引气剂及引气减水剂、缓凝剂及缓凝减水剂、早强剂及早强碱水剂、防冻剂和膨胀剂等在混凝土工程中的应用。主要内容有：基本规定、普通减水剂及高效减水剂、引气剂及引气减水剂、缓凝剂及缓凝减水剂、早强剂及早强减水剂，防冻剂、膨胀剂等内容。

[3]4.3.2.5《早期推定混凝土强度试验方法标准》

本标准适用于符合国家规定的各种硅酸盐水泥拌制的普通混凝土。主要内容为加速养护设备、加速养护试验方法（沸水法、热水法、温水法），混凝土强度关系式的建立与强度的推定等。

[3]4.3.2.6《轻骨料混凝土技术规程》

本标准适用于无机轻骨料混凝土的生产质量控制和检验，有关指标可供轻骨料混凝土结构设计和施工时采用。砂或少砂的大孔轻骨料混凝土不适用于本标准。主要内容为对原材料要求、轻骨料混凝土技术性能、配合比设计、施工工艺、试验方法等。

[3]4.3.2.7《蒸压加气混凝土建筑应用技术规程》

本标准适用于蒸压加气混凝土的应用，主要内容为蒸压加气混凝土的适用范围、应用技术等。

[3]4.3.2.8《掺合料在混凝土中应用技术规程》

本标准适用于一般工业与民用建筑结构和构筑物在施工中，为改善混凝土性能，在混凝土中掺加经一定工艺加工的掺合料的应用。主要内容为掺合料的技术要求、品质指标、试验方法、验收规则、运输和贮存及其最大掺量、配合比设计、搅拌、浇灌和成型、养护、施工等。《用于水泥和混凝土中的粉煤灰》（GB/T 1596—2005）、《粉煤灰混凝土应用技术规范》（GBJ 146—1990）、《粉煤灰在混凝土和砂浆中应用技术规程》（JCJ 28—1986）应包括在本标准内。

[3]4.3.2.9《砌筑砂浆配合比设计规范》

本标准适用于工业与民用建筑及一般构筑物中砌筑砂浆的配合比设计。主要内容有：对材料要求、技术条件、砌筑砂浆配合比计算与确定等。

[3]4.3.2.10《蒸压加气混凝土性能试验方法》

本标准适用于有关加气混凝土性能的试验，主要内容为加气混凝土物理力学性能的试验方法等。

[3]4.3.2.11《混凝土小型空心砌块试验方法》

本标准适用于混凝土小型空心砌块的试验，其主要内容为混凝土小型砌块的物理力学性能试验方法。

[3]4.3.2.12《纤维混凝土应用技术规程》

本标准适用于纤维在混凝土中应用的技术规程，其主要内容为钢纤维和合成纤维的技术指标和纤维混凝土设计与施工的有关技术规定。把《钢纤维混凝土试验方法》(CECS11:89)和《钢纤维混凝土结构设计与施工规程(CECS38:92)合并在本标准中。

[3]4.3.2.13《建筑玻璃应用技术规程》

本标准适用于建筑玻璃在建筑中应用的技术规程,其主要内容为建筑玻璃的技术指标和建筑玻璃的设计与施工的有关技术规定。

[3]4.3.3 建筑工程检测技术专用标准

[3]4.3.3.1《高强混凝土强度检测技术规程》

本标准适用于强度等级为 C60～C80 混凝土的检测,主要内容为检测高强混凝土的回弹法、综合法和钻芯法等检测方法及其评价指标。

[3]4.3.3.2《建筑工程饰面砖黏结强度检验标准》

本标准适用于建筑工程饰面砖黏结强度的检测,主要内容为抽样数量、检测方法和评价指标等。

[3]4.3.3.3《建筑门窗现场检测技术规程》

本标准适用于建筑门窗现场检测,主要内容为现场检测外门、窗的方法、抽样数量和评价指标。

[3]4.3.3.4《外墙外保温检测技术规程》

本标准适用于外墙外保温检测,主要内容为现场检测外保温的技术方法、抽样数量和评价指标。

[3]4.3.3.5《砌块结构检测技术规程》

本标准适用于砌块结构的检测,主要内容为砌块强度、砌块插筋混凝土密实程度度等检测方法、抽样数量和评价指标。

[3]4.3.3.6《房屋渗漏检测方法规程》

本标准适用于房屋渗漏的检测,主要内容为屋面、地下和厕浴等处的渗漏检测方法、抽样数量和评价指标。

[3]4.3.3.7《玻璃幕墙工程质量检验标准》

本标准适用于建筑幕墙工程质量的检测,主要内容为幕墙节点连接、安装质量等检测方法和评价指标。应对(JGJ/T 139—2001)进行扩充,适用于各类幕墙。

[3]4.3.3.8《网架结构质量检测规程》

本标准适用于网架结构的检测,主要内容为网架节点安装、网架挠度等检测方法、抽样数量和评价指标。

[3]4.3.3.9《钢筋焊接接头试验方法标准》

本标准适用于钢筋焊接接头的试验,主要内容为钢筋焊接接头焊接质量和抗拉试验方法及评价指标。

[3]4.3.4 建筑工程施工质量验收专用标准

[3]4.3.4.1《建筑保温隔热工程技术规程》

本标准适用于建筑保温隔热工程设计、施工及施工质量验收,主要内容为对外墙、屋面保温隔热的性能指标要求、施工技术和施工验收中的检验批、分项工程等质量验收的标准及有关规定。

[3]4.3.4.2《电梯工程施工质量验收规范》

本标准适用于建筑电梯工程施工质量验收,主要内容为各类电梯工程的检验批、分项工程及其分部工程质量验收的标准及有关规定。

[3]4.3.4.3《人民防空工程施工及验收规范》

本标准适用于人防工程施工质量验收,主要内容为人防工程检验批、分项工程及其分部工程质量验收的标准及有关规定。

[3]4.3.4.4《钢框胶合板模板技术规程》本标准适用于钢框胶合板模板施工质量验收,主要内容为钢框胶合板模板检验批、分项工程及其分部工程质量验收的标准及有关规定。

[3]4.3.6 建筑施工安全专用标准

[3]4.3.6.1《土石方工程施工安全技术规程》

本标准主要内容为土石方工程施工中有关技术管理基本程序、安全防护基本标准及施工作业的基本规定。

[3]4.3.6.2《建筑施工安全检查标准》

本标准是建筑施工安全检查的标准,主要内容为施工现场安全标志、现场安全管理、脚手架和机械作业等安全检查的内容和指标。

[3]4.3.6.3《建筑施工门式钢管脚手架安全技术规范》

本标准适用于建筑施工门式钢管脚手架的安全技术,主要内容为门式(多功能)钢管脚手架的设计和使用的安全技术指标和要求。

[3]4.3.6.4《建筑施工扣件式钢管脚手架安全技术规范》

本标准适用于建筑施工扣件式钢管脚手架的安全技术,主要内容为扣件式钢管脚手架的设计、构造和使用等技术指标和要求。

[3]4.3.6.5《建筑施工碗扣式钢管脚手架安全技术规范》

本标准适用于建筑施工碗扣式钢管脚手架的安全技术,主要为包括:材质、荷载、设计计算、架体构造、使用等技术指标和要求。

[3]4.3.6.6《建筑施工木脚手架安全技术规程》

本标准适用于建筑施工木脚手架的安全技术,主要内容为材质、荷载、设计计算、架体构造、使用等技术指标和要求。

[3]4.3.6.7《建筑施工竹脚手架安全技术规程》

本标准适用于建筑施工竹脚手架的安全技术,主要内容为材质、使用荷载、设计原则、架体构造、使用等技术指标和要求。

[3]4.3.6.8《建筑施工工具式脚手架安全技术规程》

本标准适用于建筑施工工具式脚手架的安全技术,主要内容为附着升降脚手架、悬挑架、挂架、吊篮、卸料平台等技术指标和要求。

[3]4.3.6.9《建筑施工模板安全技术规程》

本标准适用于建筑施工模板的安全技术,主要内容为水平和垂直混凝土构件的模板支撑或支架、爬模(提升模板)、滑模、飞模等技术指标和要求。

[3]4.3.6.10《建筑施工高处作业安全技术规程》

本标准适用于房屋建筑及一般构筑物施工时,高处作业中临边、洞口、攀登、悬空、操作平台及交叉等作业,并将"安全网"内容并入。

[3]4.3.6.11《建筑机械使用安全技术规程》

本标准适用于建筑安装企业及其附属的工业生产和维修单位的机械和动力设备的使用。"预应力混凝土工程施工"可作为预应力机具使用列入。"焊接⋯铆接"可作为"焊接⋯铆接"机具使用列入。

[3]4.3.6.12《龙门架及井架物料提升机安全技术规范》

本标准适用于新建、整修、拆除等工程施工中额定起重量在 2000kg 以下,以地面卷扬机为动力,沿导轨做垂直运行的高、低物料提升机。

[3]4.3.6.13《建筑施工起重吊装作业安全技术规程》

本标准中"起重吊装作业"属机械使用与施工作业交叉领域。

[3]4.3.6.14《施工现场临时用电安全技术规范》

本标准适用于建筑施工现场临时用电工程中的中性点直接接地的 380/220V 三相四线制的低压电力系统,对该系统的设置及安全技术管理作出规定。

[3]4.3.6.15《建筑物拆除工程安全技术规程》

本标准适用于工业与民用建(构)筑物的拆除工程施工。主要内容为拆除有关安全管理程序、安全技术基本要求,拆除作业(包括人工拆除、机械拆除、爆破拆除等)安全防护标准、措施和规定,不包括塔吊、脚手架及模板等拆除。

第二节　企业标准体系

一、企业标准体系概念

所谓企业标准化,是指以提高经济效益为目标,以搞好生产、管理、技术和营销等各项工作为主要内容，制定、贯彻实施和管理维护标准的一种有组织的活动。通过实施标准化管理，能够把企业生产全过程的各个要素和环节组织起来，使各项工作活动达到规范化、科学化、程序化，建立起生产、经营的最佳秩序。企业标准化是一切标准化的支柱和基础，搞好企业标准化对于提高国家标准化水平具有重要意义。

企业标准化的基本任务：贯彻执行国家、行业和地方有关标准化的法律、法规、规章和方针政策。贯彻实施有关的法规，国家标准、行业标准、地方标准和上级标准。正确地制定、修订和贯彻实施企业标准。建立和健全企业标准体系并使之正常、有效运行。对各种标准的贯彻实施进行监督和检查。

企业标准体系是企业内的标准按其内在的联系形成的科学的有机整体。体系的覆盖范围是一个企业，凡是企业范围内的生产、技术和经营管理都应有相应的标准，并纳入企业标准体系，包括了国家标准、行业标准、地方标准和企业标准。

企业标准体系具有以下5项基本特征：

（1）目的性

建立企业标准体系必须有明确的目的，诸如保障工程质量，提高工作效率、降低资源能源消耗、确保安全、保护环境等，目标应是具体的、可测量的，为企业的生产、经营、管理活动提供全面的支撑。

（2）集成性

标准体系中标准的项目关联、相互作用使得体系呈现出集成性的特征。随着生产社会化发展，以及工程项目大型化发展，任何一个单独的标准都难以独立发挥其效能，这也客观要求标准体系相互关联，有较高的集成度，能够确保标准体系满足标准体系目标的实现要求。

（3）层次性

标准体系是一个复杂的系统，由很多单项标准集成，它们要根据各项标准间的相互联系和作用关系，集合构成有机整体，要发挥其系统而有序的功能必须把一个复杂的系统实现分层管理。一般是高层次对低一级结构层次有制约作用，而低层次标准成为高层次标准的基础。例如，现行工程建设标准体系中的基础标准、通用标准，对专项标准具有指导和约束作用。

（4）动态性

任何一个系统都不可能是静止的、孤立的、封闭的，标准体系作为一个系统处于更大的系统环境之中，与环境的有关要素相互作用，进行信息交换，不断补充新的标准，淘汰落后的、不适应发展要求的标准，保持动态的特性。如，国家经济不断发展、人民生活水平不断提高，标准的水平客观要求不断提高，另外，新技术、新产品的出现,也增添了标准发展的动力,所以这种外部环境的动力,使得标准体系呈现动态特性。企业标准体系也是这样,要随着国家标准化的发展不断变化。

(5)阶段性

阶段性体现的是标准体系进步发展的特征,标准化的作用发挥要求标准体系必须处于相对稳定的状态,就是标准体系中标准数量一定、水平适应经济社会发展的要求,这使标准处于一个阶段。随着外界环境的变化,不断补充完善标准,使得标准数量和水平处于一种新的阶段。但是,要认识到标准体系是一个人为的体系,它的阶段性受人的控制,可能出现不适应或滞后于客观实际的状态,需要及时分析、评价和改进。

二、建设企业标准体系的意义

建设企业标准体系,需要做的事情很多,是企业的一项基础性的技术工作。企业标准体系建设的水平如何,在很大程度上反映了企业的管理水平和技术水平,决定着企业竞争力的高低,是衡量企业素质的一个重要标志。

抓好企业标准体系的建设,有如下几方面的意义:

(1)可对企业生产和经营各个环节所需要的标准进行有效和规范的管理。企业的生产和经营各个环节都离不开标准,标准覆盖了企业的各个环节和领域。随着企业生产和经营规模的发展,企业的标准越来越多,有的大型企业的标准多达几千个以至上万个。要使这些标准互相协调,而不要互相矛盾以至互相抵触,这就需要一个体系来进行管理。

(2)企业在生产和经营实践中已建立起不少管理体系,如 ISO9000、ISO14000 和职业健康安全管理体系等,这些体系各管一块,但都没有覆盖企业生产和经营的全部,企业标准体系可对这些体系进行整合,覆盖企业全部生产和经营服务等所有环节,使企业的管理更加规范。

(3)建设企业标准体系,可使企业的各方面的个性标准按其内在联系组成有机整体,去其重复,补上遗漏,优化要素和结构,使标准产生系统效应和集成效应,收到最好的效果。

三、企业标准体系的要求和组成形式

企业标准体系是一个有机联系的整体,其构成内容丰富,而且各家企业各不相同,都有各自的内容和特色。但总的来说,企业标准体系必须按《企业标准体系》系列国家标准的要求建立、实施并持续改进。

建立企业标准体系应符合如下要求：

（1）企业标准体系必须紧密围绕实现企业的总方针、总目标的要求，满足国家有关法律法规的规定，特别是国家有关标准化的法律法规和国家、行业、地方的有关强制性标准的规定。

（2）建立以技术标准为主，包括相配套的管理标准、工作标准和标准化管理要素在内的体系。

（3）企业标准体系内的各项标准，包括根据需要依法制定的"内控标准"，都应能在生产、经营、管理和服务的相关环节得到有效实施并满足需要。

（4）企业标准体系应在企业标准体系表的框架下制定。企业标准体系表的制定可参考《标准体系表编制原则和要求》（GB/T 13016—2009）和《企业标准体系表编制指南》（GB/T 13017—2008）。

（5）企业标准体系各项标准之间应相互协调。

（6）企业标准体系应运用最新科学和生产相结合的成果，不断优化结构，充分运用综合标准化和超前标准化的最新成果，适时淘汰企业标准体系内的低功能的要素，增加补充新的高功能的要素，使企业标准体系始终处于整体功能最佳状态。

（7）为提高产品在国内外市场的竞争力，企业要积极采用国际标准和国外先进标准。

（8）企业标准体系要与其他管理体系（质量、环境、职业健康和卫生、生产、经营等）相结合，为其提供支持，把有关的单项标准作为其他管理体系的操作依据或作业指导性文件。

（9）为了保证企业标准体系的持续有效性和提高企业标准化工作效率，必须运用科学的 P－D－C－A 管理模式，对企业标准体系进行持续改进。

企业标准体系是企业在生产经营活动中所实施的各项标准的集合，是企业其他管理体系，如：质量管理、生产管理、技术管理、安全管理、经营管理等的基础，按照标准的类别在内容上包括技术标准、管理标准、工作标准，见图 3-6。企业标准体系在形式上以标准体系表的形式体现。

企业技术标准是企业标准化领域中需要协调统一的技术事项。对于建设类企业而言，技术标准是企业顺利完成生产任务的技术准则，对于建设类企业，工程建设各个环节、各项工作内容均应制定技术标准，包括了施工规程、质量验收标准、材料标准、试验检验标准等。

管理标准是企业标准化领域中需要协调统一的管理事项所制定的标准。企业的管理事项包括了企业经营管理、生产管理、采购管理、项目管理等，以及与实施技术标准有关的重复性事物。

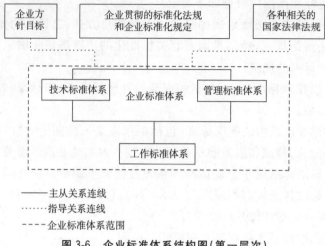

图 3-6　企业标准体系结构图(第一层次)

工作标准是对企业标准化领域中需要协调统一的工作事项所制定的标准。在目前建设类企业中一般包括岗位职责和作业标准,也就是说工作标准要告诉不同的岗位人员应该干什么和怎么干,比如施工现场的施工员和安全员。工作标准与企业的管理要求息息相关,对于技术标准能否顺利实施有重要的影响。

在企业标准体系中,应该包括现行的国家标准、行业标准,以及相关的地方标准,包含哪些标准完全取决于企业的经营范围和所承担的项目的特点。对于建设类企业,技术标准应主要执行国家标准、行业标准,企业应围绕技术标准的实施制定管理标准和工作标准,以保障安全和质量。企业标准的存在形式可以是标准、规范、规程、守则、操作卡、作业指导书等,形式可以是纸张、电子文档、光盘或其他电子媒体或它们的组合。

为规范企业标准体系建设,《企业标准体系》系列国家标准对企业标准化机构、人员、职责和企业标准化管理等方面都提出了具体而明确的要求。

(1)机构和人员设(配)置方面

企业应根据其生产、技术和经营管理活动的需要,按下列要求设置机构和人员:

1)企业设置专兼职标准化管理机构和人员;

2)企业标准化工作由企业法定代表人或其授权的管理者实施管理;

3)企业应有管理日常标准化工作的机构和人员;

4)企业各职能部门和生产单位,应有负责标准化工作的人员。

(2)企业标准化人员应具备的知识和能力

1)企业标准化管理人员应具备与其所从事的标准化工作相适应的专业知识、标准化知识和工作技能,经过培训取得从事标准化工作的上岗资格;

2）熟悉并能执行国家有关标准化法律、法规、方针和政策；

3）熟悉本企业生产、技术、经营现状,具备了一定的企业管理知识；

4）具备一定的组织协调能力、计算机应用及文字表达能力。

（3）企业标准化管理方面

企业应建立标准化管理标准（或管理制度）。这些管理标准（或管理制度）一般包括以下内容：

1）规定标准化工作体制、组织机构、任务、职责、工作方法与要求等；

2）规定企业标准制定、修订、复审的工作原则、工作程序及具体要求；

3）规定实施标准及对标准实施监督检查的原则、方法、要求、程序和分工；

4）规定标准及标准信息的搜集、管理和使用等方面的要求；

5）规定实施各级有关标准的程序和方法；

6）规定标准化规划、计划内容、工作程序和要求；

7）规定标准化培训的任务、目标、方法和程序；

8）规定标准化成果奖励工作程序和要求。

（4）企业标准化信息管理方面

企业应按以下要求搜集、整理、保管和使用标准化信息：

1）建立广泛而稳定的信息搜集渠道；

2）及时地了解并收集有关的标准发布、修订、更改和废止的信息；

3）对收集到的信息进行整理、分类、登记、编目和借阅,及时传递到使用部门；

4）收藏的标准信息应及时更替、更改,保持良好的时效性；

5）建立标准电子文档信息库；

6）开通标准的网络服务系统。

这些要求十分具体,是企业标准体系有效实施的保证且决定着企业标准体系建设的水平和成败。其中企业标准化机构、人员和职责的落实,是最重要的组织保证,而企业最高管理者的重视和支持,更是企业标准体系建设的基本前提。企业标准体系的建设涉及企业的生产、经营和服务等所有环节,要用企业标准体系来覆盖这些所有环节没有企业最高管理者的重视和支持是不可能做到的。从现实情况来看许多企业的管理虽有制度,但原先不少还是采用"红头文件"的形式,要转而实行规范化的标准化管理,必须把这些"红头文件"转化提升为标准文本,这就需要做大量的工作。又如企业在标准化管理和信息管理方面需要投入不少的人力和物力,没有最高管理者的重视、支持建设一支得力的企业标准化队伍是做不到和做不好的。从参加全国创建标准化良好行为企业试点的情况来看,即使企业标准化基础较好的企业,也普遍未建立起标准电子文档信息库,要把企业标准电子文档信息库建立起来,是要花很大气力的。

第三节　企业标准制定

一、企业标准制定的范围、备案和复审要求

标准的制定和实施是企业标准化活动的主要任务。企业标准是对企业范围内需要协调统一的技术要求、管理要求和工作要求所制定的标准,它是企业组织生产和经营活动的依据。

企业制定标准范围包括 4 个方面:

(1)产品标准;

(2)生产、技术、经营、管理活动所需的技术标准、管理标准和工作标准;

(3)设计、采购、工艺、工装、半成品以及服务的技术标准;

(4)为提高产品质量而制定的企业内控标准。

在这些标准中,企业产品标准是要到质量技术监督部门备案的,而且是要向产品用户明示的,实际上也是一种对消费者的合同或约定,因而,编写要求比较严格,为防止产生歧义,要求严格按标准的编写规则办事;而其他标准是企业内部使用的,没有对外的问题,因而编写要求可以宽松一些,由企业自己掌握。

企业产品标准要按规定在发布后 30 天内备案,才具有法律效力。内控产品标准可以不公开也不备案。但如果作为交货的依据,则必须备案,并作为监督检查的依据。

企业产品标准备案受理部门自受理之日起,15 个工作日内发放备案批准文件(包括备案号)或不受理备案文件(以表格选项形式说明不受理备案的理由)。

企业产品标准备案可以多项标准一齐申请。备案号必须印在企业产品标准封面的左上角位置上。

因标准是有时效性的,因而标准执行一段时间后需要复审。企业产品标准复审的时间要求是一般不超过 3 年。

标准的内容经复审可以不做修改,仍能适应当前需要,符合当前科学技术水平的,给予确认。对确认的标准,不改变标准的顺序号和年代号,只在标准封面上写明"××××年确认"字样。复审结论章,应盖在标准封面上。复审后的企业产品标准,应按有关规定重新备案。

二、企业标准的制定程序

在承接标准制订任务之后,首先碰到的一个问题是要如何开展制订标准的工作,这就是标准的制订程序问题。

1997 年颁布的《国家标准制定程序的阶段划分及代码》(GB/T 16733—1997),明确我国国家标准从生到死划分为如下 9 个阶段:

预阶段、立项阶段、起草阶段、征求意见阶段、审查阶段、批准阶段、出版阶段、复审阶段、废止阶段。

该文件对这 9 个阶段的工作内容、时间要求分别作了规定。比如立项阶段要求时间一般不超过 3 个月,起草阶段的时间周期一般不超过 10 个月,征求意见阶段的时间周期一般不超过 5 个月,等等。

国家对企业标准的制定程序没有做详细的规定。但是,既然是标准就有特定的结构形式和严谨的形成过程。企业标准的制定程序,可在参照国家标准的制定程序的基础上进行适当的简化。企业可根据具体标准的复杂程度,在保证标准水平的前提下,对标准制定程序做适当的调整。

企业标准制订的基本工作程序一般是:调查研究、收集信息,起草标准草案,编写标准送审稿,审查标准,编制标准报批稿,批准、发布和备案。

1. 调查研究、收集信息

调查研究、收集有关信息是制定标准的关键环节。调查研究的目的也是为了获得相关的信息。充足的信息是制定标准的依据,信息是否充分直接影响到制定标准的质量。应根据所制定的标准对象、内容及适用范围,从以下几方面进行调查研究和搜集信息:

(1)标准化对象的国内外的现状和发展方向

制定某项产品标准就必须掌握同类产品在国内外市场的状况,包括生产情况、主要技术指标、质量水平、市场占有率、影响产品质量的因素和提高质量的可能性、顾客和市场的要求以及今后的发展趋势等,然后分析本企业实现产品的能力,如资源能力(技术、人员、设备)、工艺(操作)条件、检验能力等,这样就对制定标准的依据和能够制定标准的条件做到心中有数。

(2)有关最新科技成果

科技成果是制定标准的基础。企业可通过收集国内外有关科技文献及出版物,有关专利和发明方面的信息和产品样本、样机、样品等,从中了解有关科技成果和发展趋势,将其转化为标准。

(3)顾客的需求和期望

顾客的需求和期望是制定企业标准的重要依据。顾客的需求和期望往往是多方面的。如顾客对产品(服务)的要求,有明示的、隐含的和必须履行的。企业可通过市场调研了解顾客对产品或服务的需求和期望。

(4)生产(服务)过程及市场反馈的统计资料、技术数据

企业在实施质量管理体系标准及其他管理体系标准过程中,对生产(服

务)全过程进行跟踪,积累了大量资料和数据,还拥有从市场反馈的资料和数据,以及在生产实践中积累的技术数据、统计资料等。在制定标准时要将这些资料收集起来,进行分析、对比、研究,为合理确定标准中的技术指标提供科学依据。

(5)国际标准、国外先进标准和技术法规及国内相关标准

企业标准最好能尽量采用国际标准和国外先进标准,而且不能与国内的法律法规相抵触,因而,了解国际标准、国外先进标准和技术法规及国内相关标准,是必不可少的。国际标准、国外技术法规、国家标准和行业标准是公开发行的,较容易收集到,国外先进标准则较难收集,可采取经济合作、技术引进、出国考察等多种途径获取。

2. 起草标准草案

一般在起草标准草案之前要成立起草小组(或起草工作组),参加起草小组的人员和人数,应根据所起草的标准对象而定,一般由具有实践经验的从事技术工作或管理岗位的骨干组成。

起草小组要对搜集到的信息资料进行整理、分析、对比、优选,必要时进行试验验证,然后编写标准征求意见稿和标准的编制说明。

编制说明的内容一般包括编制标准的背景和意义、工作简况、编制原则和确定标准主要内容(如技术指标、参数、性能要求、试验方法、检验规则等)的依据、对主要试验验证的分析、综述报告、预期的经济效果、采标情况、与现行法规、标准的关系、实施该标准的要求、措施建议等。

3. 编写标准送审稿

把标准征求意见稿连同编制说明,发至企业内有关部门,必要时可发至企业外部有关单位征求意见。对反馈的意见要逐一进行分析研究,决定取舍,进一步修改标准草案,形成标准送审稿和意见汇总表。

4. 审查标准

根据标准的复杂程度、涉及面大小,可分别采用会审或函审的办法。会审应吸收本企业有经验的工程技术人员、管理人员和工人参加,必要时要邀请外单位的专家和用户参加。

审查标准主要审查如下几方面:

(1)该标准是否符合或达到预定的目的和要求;

(2)与有关法律、法规、强制性标准是否一致;

(3)技术内容是否符合国家方针政策和经济技术发展方向,技术指标和性能是否先进、安全、可行,各项规定是否合理、完整和协调;

(4)与有关国际标准和国外先进标准是否协调；

(5)标准编写格式是否符合 GB/T 1.1—2000 的要求。

在审查标准过程中,起草小组要认真听取各方面的意见,特别是用户的意见,对反对意见也应慎重考虑。对各种分歧意见要充分讨论和协商,使标准能充分反映各方面的利益,因为标准本来就是协商的产物。

会议审查后,要形成会议审查纪要和对标准的审查结论。

审查纪要应如实反映审查会议的情况。审查纪要应包括如下内容:

(1)审查会议的时间、地点;

(2)审定委员会的组成人员(附名单);

(3)对标准的总体性评价;

(4)需要改正的内容;

(5)审查委员会主任委员签字。

5. 编制标准报批稿

经审查通过的标准送审稿,起草小组应根据审查意见进行修改,编写"标准报批稿",及相关文件,包括"标准编制说明""审查会议纪要""意见汇总表"等。

6. 批准发布

由企业法定代表人或其授权的管理者批准发布,由企业标准化机构编号、公布并向质量技术监督部门备案。

三、企业标准的结构、要素和层次

要编写标准,首先必须了解标准,熟悉标准,认识其"庐山真面目"。标准"横看成岭侧成峰,远近高低各不同",要透彻了解它不容易。我们可从标准的结构、要素、层次等 3 个不同的角度来解剖标准、认识标准。

1. 从结构的角度来看标准

拿起一本产品标准的文本,按页面顺序看下去,我们可以看到产品标准由如下内容组成:

封面

目次

前言

引言

正文:

1 范围

2 规范性引用文件

3 术语、定义、缩略语和符号

4 要求

……

规范性附录

资料性附录

参考文献

索引

当然,并非所有产品标准都具有这些结构内容。比如有的没有目次,有的没有引言,有的正文中没有术语、定义、缩略语和符号,有的没有附录、参考文献和索引等,这要视标准的实际需要而定。而对于技术基础标准或概念定义标准,内容要求不同,结构组成更是有所不同,上面这个构成是指一般的产品标准的典型的完整的组成结构。

2. 从要素的角度看标准

事物总是由要素组成的,标准当然也不例外。从要素方面来看标准,标准的要素可有两种划分法,一是由要素的必备或可选的状态来划分,一是由标准的规范性或资料性的性质以及它们在标准中的位置来划分。

(1)由要素的必备或可选的状态来划分

按这个办法来划分,标准可划分为必备要素和可选要素。

所谓必备要素,就是在标准中必须存在的要素。标准的封面、前言、名称、范围为标准的必备要素。

所谓可选要素,就是在标准中不是必须存在的要素,其存在与否视标准条款的具体需求而定。也就是说,这些要素在某些标准中存在,而在另外的一些标准中则可能不存在。标准中除封面、前言、名称、范围4个必备要素外,其余的要素都为可选要素。

图 3-7 表明了这种划分的结果。

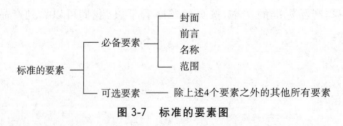

图 3-7 标准的要素图

(2)由标准的规范性或资料性的性质以及它们在标准中的位置来划分

按这个办法来划分,标准的要素可划分为规范性要素和资料性要素。

所谓规范性要素,是要声明符合标准而应遵守的条款的要素。也就是说,规范性要素是要遵守、要执行的,当声明某一产品、过程或服务符合某一项标准时,并不需要符合标准中的所有内容,而只要符合标准中的规范性要素的条款,即可认为符合了该项标准。要遵守某一项标准,就要遵守该标准中的所有规范性要素中所规定的内容。

资料性要素是标识标准、介绍标准,提供标准的附加信息的要素。也就是说,资料性要素是执行标准时无须遵守的要素。这些要素在标准中存在的作用,并不是要让标准使用者遵照执行,而是要提供一些附加信息或资料。

把标准中的要素划分为规范性要素和资料性要素的目的,是区分出标准中哪些要素是要执行的,哪些要素是不一定要执行的。

规范性要素又分为一般要素和技术要素。

规范性一般要素——位于标准正文中的前几个要素,也就是标准的"名称、范围、规范性引用文件"等要素;

规范性技术要素——标准的核心部分,也是标准的主要技术内容,如"术语和定义、符号和缩略语、要求……规范性附录"等。

资料性要素又分为概述要素和补充要素。

资料性概述要素——标识标准,介绍其内容、背景、制定情况以及与其他标准的关系的要素,即标准的"封面、目次、前言和引言"等;

资料性补充要素——提供附加信息,以帮助理解或使用标准的要素,即标准中的"资料性附录、参考文献和索引"等。

图 3-8 表明了按这种方法划分之后,各要素之间的关系,以及所包含的具体要素。

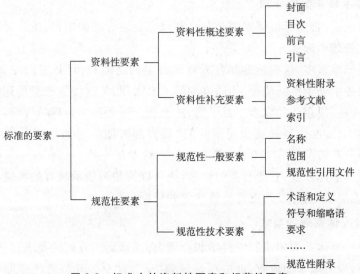

图 3-8　标准中的资料性要素和规范性要素

3. 从层次的角度来看

标准的层次划分和设置如下：

部分

章

条

条

段

项

附录

在 GB/T 1.1—2000 的标准层次设置中，删去了 GB/T 1.1—1993 中的"篇"这一层次。这是采用《ISO/IEC 导则第 3 部分》(1997 年版)之后进行的修改。以前标准中所设置的"篇"，一直是一个特殊的层次。而如何设置"篇"，"篇"中的内容如何安排并没有一个统一的规定。因此，"篇"这一层次的使用一直不够规范。删去"篇"这一层次对标准的编写起了规范作用。

四、企业标准体系表的编制

所谓企业标准体系表，就是企业标准体系内的标准按一定形式排列起来的图表。企业标准体系表是企业标准体系的一种表现形式。编制标准体系表是企业标准体系建设的一项基础性工作，换句话说，建立企业标准体系，一件十分重要的工作，就是要编制企业标准体系表。

1. 标准体系表的作用

简单地说，企业标准体系表是制订和修订企业标准的依据，也是对企业标准进行有效管理的形式。

企业标准很多，这些标准都各有自己特定的功能和作用，它们在企业生产、经营和服务中处于不同位置，用图表的形式来表现，使这些标准都找到各自的位置，对号入座，使企业的标准一目了然，从而便于进行科学合理的管理，从这个意义来说，企业标准体系表就如同军队的"兵力部署图"，可使指挥员清楚地了解"兵力"的分布情况。

通过标准体系表，对照有关的要求，还可以清楚地展示现有的和应有的标准情况，发现缺项，为标准的完善提供科学的依据。

2. 标准体系表的要求

企业标准体系表的编制要科学和合理，必须达到三方面的要求。

第一，应力求全面成套，即应尽量做到"全"。"全"，就是要把企业所需要执行的标准,包括有关的国家标准、行业标准、地方标准和企业自己所制定的标准,都纳入到标准体系表中。只有"全",才能充分体现企业标准体系的整体性,才能使企业标准化管理形成系统管理。

第二,层次要恰当。每一项标准都要根据其适用范围,恰当地安排在不同层次和位置上。企业执行的每一个标准都要在体系表中出现,而且只能出现一次,不能重复。这就要对这些标准的层次进行恰当的安排,处理好它们的上下、左右关系。比如,基础标准是上层标准,产品标准是下层标准,基础标准指导产品标准,其关系要安排得当。左右关系是协调与服务关系,如原材料、半成品、工艺、检验之间是协调和服务关系,其位置摆放要恰当。

第三,划分要明确。应按标准的功能划分,而不要按照行政系统划分,因为按行政系统划分很容易造成标准重复或矛盾。

请注意:一个标准体系表反映了一个标准体系,而一个标准体系只能适应一种类型的产品生产。现在,有些企业实行多元化经营,所生产、经营的产品毫不相干,比如有些家电企业投资生产汽车,有些食品企业投资生产家电,这些产品类型完全不同,虽然是同一家企业经营,但这些不同类型的产品用一个标准体系往往是覆盖不了的,应该建立不同的标准体系。

在编制标准体系表时,硬拉在一起会使标准体系表庞大而臃肿,因而一般是分开编制成不同的标准体系表。

3. 企业标准体系表的结构和格式

在着手编制企业标准体系表之前,我们首先应该研究和确定企业标准体系表的结构。

企业标准体系表的结构一般分为层次结构和序列结构。

所谓序列结构,就是将系统的全过程按顺序排列起来。

这种结构以产品标准为中心,由若干个相对应的方框与标准明细表组成。以机电产品为中心的技术标准结构图为例,如图 3-9。在实际生产流程中可增删。这种结构适用于产品类型比较单一的和规模不大的企业使用,也适用于局部管理,一般企业很少使用。

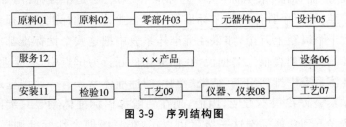

图 3-9 序列结构图

所谓层次结构,是以系统分析的方法,对体系内的标准进行层次划分并按层次安排的结构。

企业标准体系的层次结构,第一层为综合性基础标准,包括全企业通用的基础标准、企业标准化管理规定、企业方针目标、标准化法规及各种相关法规,它是指导性标准,企业所有标准都要在这一层标准指导下形成;第二层是技术标准和管理标准,涉及企业生产、技术、经营管理和考核等方面的标准,包括国家标准、行业标准和企业自行制定的标准,管理标准和技术标准之间存在着相互交叉、相互渗透的关系。因此,用连线联结;第三层为工作标准,工作标准是技术标准和管理标准在某部门或某岗位的具体落实和体现,是技术标准和管理标准共同指导的下一层次标准,如图 3-10。

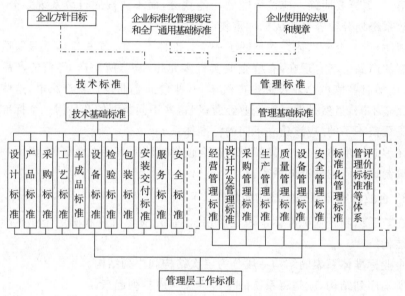

图 3-10　企业标准体系各子系统结构图

上述结构中的各子体系又都有自己的层次结构。

技术标准子体系的层次结构:第一层是技术基础标准;第二层是功能标准,如设计标准、产品标准、采购标准、工艺标准等;第三层是个性标准,如某一个具体的产品标准,某一个具体的工艺标准等。因企业的个性标准往往很多,有的大型企业有数千个以至上万个,如果在标准体系表中把这些个性标准都编出来,标准体系表必然要排列得很大。据说,在标准化良好行为试点中,有企业把个性标准都在标准体系表中排列出来,结果编制出的标准体系表有一堵墙壁那么大,这样的标准体系表查找很不方便,因而,现在一般提倡标准体系表只编制二级,即在基础标准之下到功能标准这一级就可以了,第三级即个性标准则通过标准明细表来反映。也就是说,标准体系表由标准结构图和标准明细表组成。

请注意:在企业标准化良好行为试点中,我们发现有些企业不是采用上面的办法来编制标准体系表,而按三级来编制标准体系表,即把个性标准也编进标准结构图中,因个性标准很多,没有办法包纳全部而产生了遗漏。这是不允许的。因而,在对企业标准体系进行合格确认时,我们把这作为不合格项而要求企业改正。

另外,对技术标准体系、管理标准体系和工作标准体系的子体系内容编排,企业可以根据实际情况自行决定。图 3-10 中功能标准子体系留着虚线画出的方框,就是由企业根据实际情况决定标准子体系设置而预留的,但这些子体系的内容项目设置必须科学、合理和规范,其排列顺序必须按照 GB/T15487 和 GB/T15498 中关于技术标准、管理标准和工作标准体系结构形式(见图 3-11、图 3-12 和图 3-13)排列。

根据试点企业的实践,标准明细表的格式采用表 3-8 的格式较为科学,可供企业参考。

表 3-8　公司技术标准体系明细表

序号	项目号	子体系分类号	标准编号	标准名称	原编号	国际、国家行业标准	发布或实施日期	备注

在编制标准明细表的同时,一般应有标准统计表相配套,标准统计表一般列项应包括各标准类别的应有数、现有数和现有数占应有数的比例。

标准体系表还应同时包括编制说明,其内容一般应包括以下 7 点:

(1)编制体系表的依据及要达到的目的;

(2)国内、外标准概况;

(3)结合统计表分析现有标准与国际、国内标准的差距,明确今后的努力方向;

(4)专业划分依据和划分情况;

(5)与其他体系交叉情况和处理意见;

(6)需要其他体系协调配套的意见;

(7)其他。

在编制标准体系表中,一项重要的工作是要给每个标准编制代码。

对标准体系中的每一个标准都赋予代码,是对标准实行管理的需要,特别是在建立电子网络时,对每个标准都必须编制代码,才能实行数据库管理。

代码可由 7 位数组成,前 4 位用作代表标准类别名称,后 3 位数为顺序号。

有些企业的标准不是很多,也可以用另外一种编码办法——前 3 位用拼音字母代表,后几位用顺序号。凡用字母代表的,按惯例,第一个字母代表如下:

综合性基础标准——N

技术标准——J

管理标准——G

工作标准——Z

例如某家具企业沙发产品的第 25 个标准,其分类代码为:JCS25。其中:

J——技(技术标准);

C——产(产品标准);

S——沙(沙发标准);

25——顺序号。

企业标准的分类号要印在标准文本的左上角。

企业标准体系中的标准可以包含国家标准、行业标准和地方标准,但不能有国际标准和国外标准。如果企业采用国际标准或国外先进标准组织生产,应按采标的有关规定,把这些国际标准或国外先进标准转化成企业标准。

对纳入企业标准体系中的国家标准、行业标准、地方标准,在数据库中可采用双重编号的办法。在上面的标准明细表中,我们已看到,纳入标准体系表中的所有标准,如果原已有编号,都可以继续保留原编号,即实行双编号管理。这是因为有的企业已通过 ISO 质量管理体系认证或环保体系、职业健康体系等体系认证,原有的标准编号继续保留,可解决这些体系继续运作和复审的问题。

4. 企业技术标准体系

建立企业标准体系,最主要的就是建立企业技术标准体系,因为技术标准体系是企业标准体系的主体,是企业组织生产、经营和管理的技术依据。

所谓技术标准,是指对需要协调统一的技术事项所制定的标准。其存在形式可以是标准、规范、规程、守则、操作卡、作业指导书等。

企业技术标准体系包含的内容很多,按其作用来分,可分为技术基础标准和生产过程的技术标准,包括产品标准、采购标准、半成品(零部件、元器件)标准、工艺标准、工装标准、设备标准、方法标准(检测、检验、试验)、包装标准、贮存标准、运输标准、能源标准、安全标准、职业健康标准、环境标准、信息标准等。

企业技术标准体系的层次结构形式见图 3-11。

5. 管理标准体系

企业的各项活动,都离不开管理。管理标准是管理机构为行使管理职能而制定的具有特定管理功能的标准,其所涉及的领域比技术标准还要广泛。

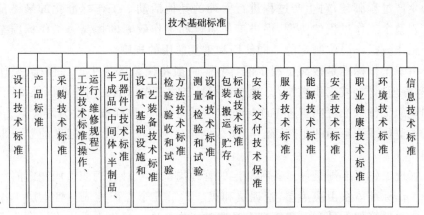

图 3-11 企业技术标准体系的层次结构形式

企业原已有不少管理制度,这些制度对企业起到一定的作用。但应当看到,运用制度管理企业从某种意义上讲,是一种传统的陈旧的管理方法。因而,在推进企业标准化进程中,提倡把管理制度转化、提升为管理标准,以管理标准取代具有较强行政色彩的管理制度。管理标准比管理制度更具有可操作性和可考核性,也就更加先进、科学和适用。

GB/T 15498—2003 标准给出了管理标准的结构形式表,见图 3-12。表中除管理基础标准外的 17 个要素,涵盖了一般企业主要的管理活动,但企业的情况各有不同,企业在编制管理标准体系结构表时可对其内容进行剪裁。必要时,可以增加一些结构表中未列入的一些特殊的标准。

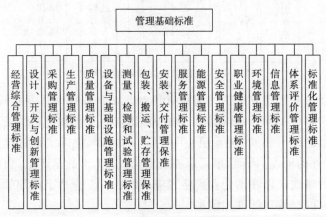

图 3-12 管理标准体系的结构形式

6. 工作体系标准

"工作标准体系"所说的"工作",不仅包括生产过程中的各项活动,而且也包括为生产过程服务,对生产过程进行管理的其他活动。工作标准化的最终目标是实现整个工作过程的协调,促进工作质量和工作效率的提高。工作标准是对每个工作或操作岗位制定的共同使用和重复使用的规则。

由于工作标准是按岗位制定的,因此,一般将岗位分为生产岗位(或操作岗位)和管理岗位(或工作岗位)。对前者所制定的工作标准又叫作业标准,对后者所制定的工作标准可叫管理工作标准。这就是说,工作标准可发为两大类。

作业标准按不同的生产(操作)岗位制定。岗位分工越细,标准的划分也就越细。

管理工作标准则是针对各种固定的管理岗位或某种管理职责而制定的。

工作标准体系由决策层、管理层和操作人员几个层面构成。管理层工作标准分为中层管理人员和一般管理人员两类工作标准。操作人员工作标准分为特殊过程操作人员和一般操作人员两类工作标准。

工作标准的构成如图 3-13。

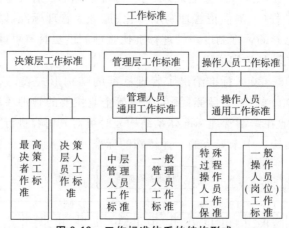

图 3-13　工作标准体系的结构形式

许多企业原先已建立了工作岗位责任制。在企业标准体系建设中,应把原有的工作岗位责任制提升、转化为工作标准,以实现更加规范化的管理。

工作标准的编写格式,可参照 GB/T1.1 的规定,但因工作标准是对内管理用的,没有对外的问题,因而,也可以在理解 GB/T1.1 的基础上,自行设计本企业工作标准的格式。但在本企业内格式应该统一。工作标准的编号也要统一格式,并与技术标准、管理标准相区别。

工作标准编写格式中,标准的资料性概述要素,包括封面、目次、前言、引言可以省略,但标准的名称、范围、规范性引用文件则不能省略。

工作标准的内容,一般包括几方面:

（1）职责、权限

每个工作岗位都有与其承担的任务相应的职责和权限，这是行使职能的必要前提。在制定工作标准时，要注意恰当划分各岗位的职责与权限，明确与相关联的岗位如何分工、如何协调配合等。

（2）岗位人员资格要求

明确岗位人员的基本资格要求，包括文化程度、操作水平、管理经验等，对从事特殊作业人员应对其经验和技能进行评定。凡国家要求要有资格证书才能上岗的，在企业的工作标准中都应明确按国家的规定办。

（3）工作内容与要求

包括应明确岗位目标、质量要求与定额、工作程序和工作方法、业务分工与沟通方式、特殊工作岗位要求、作业顺序细节（必要时列出工作流程图）等。

（4）检查与考核

在工作标准中，应根据标准的工作内容和要求详细规定考核条件及奖惩，并明确负责考核的部门和进行考核的时间。

第四章　标准的实施及监督

第一节　标准实施与检查概述

一、标准实施的意义

标准的实施是指有组织、有计划、有措施地贯彻执行标准的活动，是标准管理、标准编制和标准应用各方将标准的内容贯彻到生产、管理、服务当中的活动过程，是标准化的目的之一，具有重要的意义。

1. 实施标准是实现标准价值的体现

标准化是一项有目的的活动，标准化的目的只有通过标准的实施才能达到。标准是实践经验的总结并用以指导实践的统一规定。这个规定是否科学、合理，也只有通过实施才能得到验证。一项标准发布后，能否达到预期的经济效果和社会效益，使标准由潜在的生产力转化为直接的生产力，关键就在于认真切实地实施标准。实施标准，往往涉及各个部门和各个生产环节。这就要求生产管理者不断适应新标准要求，改善生产管理，技术部门通过实施、标准，不断提高企业的生产能力。所以，标准是通过实施，才得以实实在在地把技术标准转化为生产力，改善生产管理，提高质量，从而增强企业的市场竞争能力。

2. 实施标准是标准进步的内在需要

标准不仅需要通过实施来验证其正确性，而且标准改进和发展的动力也来自于实施。标准不是孤立静止的，而应该在动态中不断推进。技术在进步，需求在延伸，市场在扩展，只有通过实施，并对标准实施情况进行监督，才可能发现并总结标准本身存在的问题，从而提高编制质量，使其更具有指导作用，才能使标准不断创新，更加适合需要。而且由于标准涉及面广，同时涉及技术、生产、管理和使用等问题，标准只有在系统运行中不断完善，才能使其趋于合理。在不断地实施、修订标准的过程中，吸收最新科技成果，补充和完善内容，纠正不足，有利于实现对标准的反馈控制，使标准更科学、更合理。也只有与时俱进的标准，才能有效地指导社会生产实践活动，获得技术经济效益，实现标准化的目的，对国家的经济建设起到更大的促进作用。

二、标准实施的原则

标准实施企业生产的依据,生产的过程就是贯彻、执行标准的过程,是履行社会责任的过程,生产过程中执行标准要把握好以下原则。

1. 强制性标准,企业必须严格执行

工程建设中,国家标准、行业标准、地方标准中的强制性标准直接涉及工程质量、安全、环境保护和人身健康,依照《标准化法》《建筑法》《建设工程质量管理条例》等法律法规,企业必须严格执行,不执行强制性标准,企业要承担相应的法律责任。

2. 推荐性标准,企业一经采用,应严格执行

国家标准、行业标准中的推荐性标准,主要规定的是技术方法、指标要求和重要的管理要求,是严格按照管理制度要求标准制修订程序制定,经过充分论证和科学实验,在实践基础上制定的,具有较强的科学性,对工程建设活动具有指导、规范作用,对于保障工程顺利完成、提高企业的管理水平具有重要的作用。因此,对于推荐性标准,只要适用于企业所承担的工程项目建设就应积极采用。企业在投标中承诺所采用的推荐性标准,以及承包合同中约定采用的推荐性标准,应严格执行。

3. 企业标准,只要纳入到工程项目标准体系当中,应严格执行

企业标准是企业的一项制度,是国家标准、行业标准、地方标准的必要补充,是为实现企业的目标而制定了,只要纳入到工程项目建设标准体系当中,就与体系中的相关标准相互依存、相互关联、相互制约,如果标准得不到实施,就会影响其他标准的实施,标准体系的整体功能得不到发挥,因此,企业标准只要纳入到工程项目标准体系当中,在工程项目建设过程中就应严格执行。

三、标准宣贯培训及交底

1. 标准宣贯培训

标准宣贯培训是向标准执行人员讲解标准内容的有组织的活动,是标准从制定到实施的桥梁,是促进标准实施的重要手段。标准制定工作节奏加快后,标准越来越多,如果不宣贯,就不知道有新标准出台,就不会及时地被应用。工程建设标准化主管部门高度重视标准宣贯培训工作,对于发布的重要标准,均要组织开展宣贯培训活动。

开展标准宣贯培训的目的是要让执行标准的人员掌握标准中的各项要求,在生产经营活动中标准有效贯彻执行,企业和工程项目部均要组织宣贯活动。

企业组织标准宣贯培训活动,一方面标准发布后企业应派本企业人员参加

标准化主管部门组织的宣贯培训。另一方面企业应组织以会议的形式请熟悉标准专业人员向本企业的有关人员讲解标准的内容。第三企业应组织以研讨的方式相互交流加深对标准内容的理解。

工程项目部组织宣贯活动，要根据工程项目的实际情况有针对性开展宣贯培训。形式可以多样，会议的形式和研讨的形式均可以采用。

但在宣贯培训活动中要注意，进行宣贯培训的人员应有权威，能够准确释义标准各条款及制定的理由，以及执行中的要求和注意事项，避免对标准的误读。另外，宣贯对象要选择准确，直接执行标准的人员及执行标准相关的人员要准确确定，保证标准宣贯培训的范围覆盖所有执行标准的人员和相关人员，宣贯培训范围不够，标准不能得以广泛应用，宣贯培训对象错误，工作可以说是在白费力气。

2. 标准实施交底

标准实施交底是保障标准有效贯彻执行的一项措施，是由施工现场标准员向其他岗位一人员说明工程项目建设中应执行的标准及要求。

标准实施交底工作可与施工组织设计交底相结合，结合施工方案落实明确各岗位工作中执行标准的要求。施工方法的标准可结合各分项工程施工工艺、操作规程向现场施工员进行交底。工程质量的标准可结合工程项目建设质量目标向现场质量员交底。

标准实施交底应采用书面交底的方式进行，交底时标准员要详细列出各岗位应执行的标准明细以及强制性条文明细，另外应在交底中说明标准实施的要求。见表 4-1。

表 4-1　标准实施交底表

工程名称		岗位	
实施的标准及编号	强制性条文		实施说明
交底人	核发交底人		交底日期

四、标准实施检查

1. 标准实施检查任务

对标准实施进行监督检查是贯彻执行标准的重要手段，目的是保障工程安全质量、保护环境、保障人身健康。并通过监督检查，发现标准自身存在的问题，改进标准化工作。

目前,对于建设工程的管理,大多是围绕标准的实施开展的。各级建设主管部门依照《建设工程质量管理条例》和《建设工程安全生产管理条例》开展的建设工程质量、安全监督检查,检查的依据之一就是现行的工程建设标准。对于施工现场的管理,施工员、质量员、安全员等各岗位的人员的工作也是围绕标准的实施开展,也是监督标准实施的情况,只是更加侧重工程进度、质量、安全,可以说,标准实施监督是各岗位人员的重要职责。

施工现场标准员要围绕工程项目标准体系中所明确应执行的全部标准,开展标准实施监督检查工作,主要任务,一是监督施工现场各管理人员认真执行标准;二是监督施工过程各环节全面有效执行标准;三是参与研究解决标准执行过程中出现的问题。

2. 标准实施检查的基本要求

施工现场标准员要通过现场巡视检查和施工记录资料查阅进行标准实施的监督检查。针对不同类别的标准采取不同的检查方式,要符合以下要求:

(1)施工方法标准

针对工程施工,施工方法标准主要规定了各分项工程的操作工艺流程,以及各环节的相关技术要求及要达到的技术指标。对于这类标准的监督检查主要通过施工现场的巡视及查阅施工记录进行,在现场巡视当中检查操作人员是否按照标准中的要求施工,并通过施工记录的查阅检查操作过程是否满足标准规定的各项技术指标要求。同时,对于施工方法标准实施的监督要与施工组织设计规定的施工方案的落实相结合,施工要按照施工方案的规定的操作工艺进行,并要满足相关标准的要求。

(2)工程质量标准

工程质量标准规定了工程质量检查验收程序,以及检验批、分项、分部、单位工程的质量标准。对于这类标准,要通过验收资料的查阅监督检查质量验收的程序是否满足标准的要求,同时要检查质量验收是否存在遗漏检查项目的情况,重点检查强制性标准的执行情况。

(3)产品标准

现行的产品标准对建筑材料和产品的质量和性能有严格的要求,现行工程建设标准对建筑材料和产品在工程中应用也有严格的规定,包括了材料和产品的规格、尺寸、性能,以及进场后的取样、复试等。对于与产品相关的标准的监督,通过检查巡视与资料查阅相结合的方式开展,重点检查进场的材料与产品的规格、型号、性能等是否符合工程设计的要求,另外,进场后现场取样、复试的过程是否符合相关标准的要求,同时还要检查复试的结果是否符合工程的需要,以及对不合格产品处理是否符合相关标准的要求。

（4）工程安全、环境、卫生标准

这类标准规定了，为保障施工安全、保护环境、人身健康，工程建设过程中应采取技术、管理措施。针对这类标准的监督检查，要通过现场巡视的方式，检查工程施工过程中所采取的安全、环保、卫生措施是否符合相关标准的要求，重点是危险源、污染源的防护措施，以及卫生防疫条件。同时，还要查阅相关记录，监督相关岗位人员的履职情况。

（5）新技术、新材料、新工艺的应用

这里是指无标准可依的新技术、新材料、新工艺在工程中应用，一般会经过充分的论证，并经过有关机构的批准，并制定切实可行的应用方案以及质量安全检查验收的标准。针对这类新技术、新材料、新工艺的应用的监督检查，标准员要对照新技术、新材料、新工艺保障工程安全和质量。同时要分析与相关标准的关系，向标准化主管部门提出标准制修订建议。

3. 整改

标准员对在监督检查中发现的问题，要认真记录，并要对照标准分析问题的原因，提出整改措施，填写整改通知单发相关岗位管理人员。

对于由于操作人员和管理人员对标准理解不正确或不理解标准的规定造成的问题，标准员应根据标准前言给出的联系方式进行咨询，要做到正确掌握标准的要求。

整改通知单中要详细说明存在不符合标准要求的施工部位、存在的问题、不符合的标准条款以及整改的措施要求，见表 4-2。

表 4-2　标准实施监督检查整改通知单

单位工程名称			
施工部位		检查时间	
不符合标准情况说明			
标准条款			
整改要求			
标准员		接收人	

第二节　施工项目建设标准的实施计划

一、施工项目建设标准的实施计划的编制

1. 施工项目建设标准的识别和配置

（1）设计文件采用的常用标准图：为了加快设计和施工速度，提高设计与施工质量,把建筑工程中常用的、大量性的构件、配件按统一模数、不同规格设计出系列施工图,供设计部门、施工企业选用,这样的图称为标准图。标准图装订成册后,就称为标准图集或通用图集。标准图(集)的适用范围为:经国家部、委批准的,可在全国范围内使用;经各省、市、自治区有关部门批准的,一般可在相应地区范围内使用。

标准图(集)有两种:一种是整幢建筑的标准设计(定型设计)图集;另一种是目前大量使用的建筑构、配件标准图集,常用标准图(集)编号规则见表4-3。

表 4-3　国家建筑标准设计图编号

专业	代号	示例	说明
建筑	J	06J908—1、2《公共建筑节能构造》 06J204《屋面节能建筑构造》	
结构	G	11G101—1《现浇混凝土框架、剪力墙、梁、板》 11G101—2《现浇混凝土板式楼梯》 11G101—3《独立基础、条形基础、筏形基础及桩基承台》	
给水排水	S	03S702《钢筋混凝土化粪池》 07S207《气体消防系统选用、安装与建筑灭火器配置》	1. 编号由批准年代号、专业代号、类别号、顺序号、分册号组成
暖通	K	06K503《太阳能集热系统设计与安装》 06K504《水环热泵空调系统设计与安装》	2. 每个专业的图集又分有标准图、试用图(S)、参考图(C)、合订本等不同的类型。
动力	R	06R115《地源热泵冷热源机房设计与施工》 06R301《气体站工程设计与施工》	
建筑电气	D	06D105《电缆防火阻燃设计与施工》 06SD702—5《电气设备在压型钢板、夹芯板上安装》	
弱电	X	08X101—3《综合布线系统工程设计与施工》 03X401—2《有线电视系统》	
人防	F	07FJ01—03《防空地下室建筑设计》 07FG01—05《防空地下室结构设计》	

中南标准图集,由湖北、河南、湖南、广东、广西、海南6省(区)联合编制、批准发布,在本地区内使用。如11ZJ001《建筑构造用料做法》、11ZJ111《变形缝建筑构造》、11ZJ501《内墙装修及配件》等现行建筑标准图。

(2)施工质量和安全技术标准(见表2-2、表2-4)。

2．施工项目建设标准实施计划的编制

（1）编制形式：施工项目建设标准的实施计划形式，可以结合工程项目的具体情况，可选择作为项目施工组织设计内容的一部分，或单独编制等形式。

（2）编制内容：施工项目建设标准的实施计划，作为施工项目建设标准实施管理的依据，应包括以下内容（见表4-4）。

表4-4　施工项目建设标准实施计划的主要内容

序号	项目	主要内容	重点
1	工程概况和编制依据	1.工程概况：工程建设概况、工程建设地点特征、建筑结构设计概况和工程施工特点等； 2.编制依据：相关法律法规、企业标准体系及管理文件、项目设计文件、施工组织设计和有关工程建设标准等	1.设计特殊要求； 2.新结构、新材料、新技术、新工艺； 3.质量重点及关键部位和安全重大危险源
2	计划目标及管理组织	1.质量、安全目标； 2.工程建设标准实施目标； 3.项目管理组织机构人员及职责	工程建设标准实施目标，应包括标准的覆盖率和执行效果指标
3	执行强制性条文表	1.项目执行施工质量方面强制性条文表； 2.项目执行施工安全方面强制性条文表	与项目施工有关的强制性条文应逐条列出
4	执行建设标准项目表	1.项目执行施工质量方面建设标准项目表； 2.项目执行施工安全方面建设标准项目表	应具体到每个分部分项工程和每项作业内容，做到全覆盖
5	项目建设标准落实措施	1.项目建设标准配置及有效性审查； 2.项目建设标准的宣贯、交底； 3.项目建设标准落实的基本措施和专门措施（组织管理、技术、经济等）	措施的可操作性、针对性和有效性
6	项目建设标准监督检查计划	1.建设标准实施的监督检查组织及工作流程； 2.建设标准实施的监督检查方法和重点； 3.建设标准实施不符合的判定和处理	强制性条文和强制性标准监督监督检查
7	项目建设标准实施相关记录	1.建设标准交底记录； 2.建设标准监督检查记录； 3.建设标准实施效果的评价（总结）	强制性条文和强制性标准监督检查记录

（3）施工项目执行强制性条文表。形式见表4-5。

表 4-5　项目执行强制性条文表(摘录)

标准名称代号	强条条目及内容	落实措施	检查	判定
《建筑工程施工质量验收统一标准》GB 50300—2001	3.0.3 条 6 项 隐蔽工程在隐蔽前应由施工单位通知有关单位进行验收,并形成验收文件	1.项目建立隐蔽工程验收制度 2.确定隐蔽工程验收工作流程 3.确定隐蔽工程对象及内容	1.审查施工组织设计 2.检查隐蔽验收记录	施工组织设计有隐蔽验收制度、有工作流程和验收计划;隐蔽验收资料完整同步即符合
…	…	…	…	…

(4)施工项目执行标准项目表

施工项目执行标准项目表的编制,可根据企业标准体系,结合施工项目实际可按专业工程、分部分项工程、工种等分别列表,编码可按企业标准体系要求统一设置。如某施工项目基础工程执行工程建设标准项目表(见表 4-6)。

表 4-6　项目基础分部工程执行建设标准项目表(施工质量部分)(摘录)

序号	编码	标准名称	标准代号	被替代标准代号或版本
1	××	建筑工程施工质量验收统一标准	GB 50300—2013	
2	××	混凝土结构工程施工质量验收规范	GB 50204—2002 (2011 年版)	GB 50204—2002
3	××	建筑地基基础工程施工质量验收规范	GB 50202—2002	
4	××	混凝土强度检验评定标准	GB/T 50107—2010	GBJ 107—1987
5	××	砌体工程施工质量验收规范	GB 50203—2011	GB 50203—2002
6	××	建筑基桩检测技术规范	JGJ 106—2003	
7	××	大体积混凝土施工规范	GB 50496—2009	
8	××	建筑基坑工程监测技术规范	GB 50497—2009	
9	××	建筑桩基技术规范	JGJ 94—2008	JGJ 94—1994
10	××	地下防水工程质量验收规范	GB 50208—2011	GB 50208—2002
11	××	地下工程防水技术规范	GB 50108—2008	GB 50108—2001
12	××	人民防空工程施工及验收规范	GB 50134—2004	GBJ 134—90
13	××	建筑基坑支护技术规程	JGJ 120—2012	JGJ120—1999
14	××	工程测量规范	GB 50026—2007	GB 50026—1993
—	…	…	…	…

二、施工项目工程建设标准的实施计划落实

1. 施工项目工程建设标准实施计划落实措施（见表 4-7）

表 4-7　施工项目工程建设标准实施计划落实措施

措施项目	主要内容	重　点
标准宣贯与学习	1. 及时掌握标准信息及准备学习资料； 2. 积极参加行业协会、企业等组织的标准宣贯或培训活动； 3. 组织项目部相关人员学标准等	使项目相关人员掌握标准，并自觉准确应用标准
组织措施	1. 项目部配置专职人员（标准员）； 2. 工作任务分工、管理职能分工中体现标准实施的内容； 3. 确定标准实施的相关工作流程等	领导重视、组织保障
技术措施	1. 加强施工组织设计、专项施工方案和技术措施的符合性审核； 2. 标准实施的技术细化。如编制作业指导书、标准重大技术问题的专题论证、工艺评价及改进、制定或修订企业技术标准等； 3. 加强标准变底等	措施讲究其针对性，可操作性和有效性
经济措施	1. 保证标准实施的基本经费； 2. 标准实施列入相关职能部门及人员绩效考核的内容，奖罚分明； 3. 分包方标准实施的奖罚措施	以激励为主
管理措施	1. 采取合同措施，加强分包管理； 2. 调整管理方法及管理手段； 3. 注重风险管理	实施精细化管理

2. 施工项目建设标准的交底

施工项目建设标准的交底，一般与正常技术交底结合进行的方式，把工程建设标准交底作为技术交底的一个方面内容，标准员参与技术交底工作；也可结合施工项目情况采用建设标准专项交底的形式，标准员组织建设标准的技术交底。

施工项目开工前应由项目技术负责人向承担施工的负责人或分包人进行书面技术交底。每一分部分项工程作业前应进行作业技术交底，技术交底资料应由施工项目技术人员编制（标准员参与），并经项目技术负责人批准实施。技术交底资料应办理签字手续并归档保存。

技术交底的主要内容包括做什么——任务范围；怎么做——施工方案（方法）、工艺、材料、机具等；做成什么样——质量、安全标准；注意事项——施工应

注意质量安全问题,基本措施等;做完时限——进度要求等。

技术交底的形式可采用:书面、口头、会议、挂牌、样板、示范操作等。施工项目建设标准的交底资料格式参见表4-1。

第三节 施工过程建设标准实施的监督检查

一、施工过程建设标准实施的监督检查方法和重点

标准员对施工过程建设标准实施的监督检查,主要依据工程建设标准实施计划进行。施工过程建设标准实施的监督检查方法可根据内容选择资料核查、参与现场检查、验证或监督等。施工过程建设标准实施的监督检查的重点应是工程建设强制性标准(条文)。

施工过程建设标准实施的监督检查方法和重点可参照表4-8要求进行。

表4-8 施工过程建设标准实施的监督检查方法和重点

检查对象	主要监督检查内容	标准员工作重点	检查方法
施工准备	设计交底和图纸会审	1.了解设计意图和设计要求; 2.配置执行工程建设标准及标准图	资料核查参与现场检查及验证等
	施工组织设计、施工方案及作业指导书	1.负责编制工程建设标准实施计划; 2.参与审查工程建设标准贯彻计划情况	
	技术交底	1.参与技术交底资料核查; 2.组织工程建设标准的交底	
	各生产要素准备(人、料、机、作业面等)	1.材料进场验收; 2.关键岗位人员资格; 3.主要机械设备进场安装及验收	
施工过程质量	工序质量	1.作业规程和工艺标准; 2.关键控制点	
	主要技术环节	1.设计变更、技术核定; 2.隐蔽验收、施工记录; 3.施工检查、施工试验	
	质量验收(检验批、分项、分部工程)	1.验收程序、组织、方法和标准; 2.验收资料; 3.质量缺陷及事故的处理	

（续）

检查对象	主要监督检查内容	标准员工作重点	检查方法
施工过程安全	重大危险源	1.方案审核及论证； 2.交底与培训； 3.监督与验收	资料核查参与现场检查及验证等
	作业人员	1.安全操作规程及交底； 2.作业行为	
	安全检查	1.安全检查制度、组织、方法和标准； 2.隐患整改	
	事故（已遂与未遂）处理	1.应急处置； 2.事故报告、分析、处理和改进	

二、施工过程建设标准实施不符合的判定和处理

标准员通过资料审查以及现场检查验证，根据相关判定要求，参与对施工过程工程建设标准的实施情况作出判定，如不符合应确定处置方案，分析原因并提出改进措施。

工程建设强制性标准（条文）的执行判定。

1. 准确判定执行强制性标准（条文）的情况

执行工程建设标准强制性标准（条文）的情况的判定，一般可分为以下 4 种情形。

（1）符合强制性标准。各项内容满足标准的规定即可判定为符合。

（2）可能违反强制性标准。但是检查时还难以作出结论需要进一步判定，这时通过经检测单位检测，设计单位核定后再判定。

（3）违反强制性标准。对于一些资料性的内容，如果个别地方出现笔误，且不直接影响工程质量与安全，经过整改能够到达规范要求的可以判定为符合强制性标准。但是，如果未经过验收或者验收以后不符合规范要求，而继续进行下一道工序过程的施工，应判定为违反强制性标准。

（4）严重违反强制性标准。此时较违反强制性标准更为严重，出现质量安全事故。

2. 执行强制性标准(条文)的符合性判定示例(表 4-9)

表 4-9　施工质量验收强制性条文执行判定(示例)

条号	项目	检查	判定
		执行标准:《建筑工程施工质量验收统一标准》(GB 50300—2013)	
	1.验收规范	检查项目检验批、分项、分部(子分部)、单位(子单位)工程项目的验收表格、内容、程序等是否按规定进行	基本按制定的表格逐步验收,可判定为符合要求
	2.按图施工	1.检查"施工组织设计"是否符合工程勘察设计文件的结论及建议; 2.检查施工过程中是否按设计图纸(图纸会审记录、设计交底)施工。凡没有按设计图纸施工的部位或项目都必须有正式的设计变更和修改文件	对受力部位、构件和涉及重要使用功能的装饰装修及安装工程需要修改的,都有正式的设计变更文件;施工组织设计的内容(施工方案)体现了工程勘察设计文件的结论及建议,并经审查批准,即为符合规范要求
3.0.3	3.人员资格	核查责任主体参演人员的相应资格证书,不具备规定资格的人员不得同意参验和签证。对没有委托监理的工程,应按规定检查建设单位自行管理的能力,要基本相当于该项目监理单位的资质	施工单位的质检员、项目经理及项目技术负责人、单位(项目)负责人;监理单位的监理工程师、总监理工程师及建设单位的相当人员、主要的有关人员符合当地建设行政主管部门的规定,即为符合规范要求
	4.验收过程	1.检查施工单位的操作依据及执行管理制度、质量控制措施的落实情况、自检的程序是否落实; 2.检查监理单位是否在施工单位自检评定合格的基础上进行验收。是否在检验批、分项、分部(子分部)、单位(子单位)工程验收表上签字认可	检查各项验收记录表内的内容基本齐全,且各方都按程序签认,即为符合规范要求
	5.隐蔽验收	检查有无经报批的隐蔽工程验收计划;监理单位是否明确重要部位、重要工序的隐蔽验收,其监理与施工单位是否有协商一致的意见	隐蔽验收有计划,各验收部位监理能及时到场验收,并形成隐蔽工程验收文件,有按规定的各方签认,即为符合规范要求

（续）

条号	项目	检查	判定
		执行标准:《建筑工程施工质量验收统一标准》(GB 50300—2013)	
	6. 见证取样	1. 施工、监理单位编制的见证取样送检方案中确定的人员是否正确;是否制定见证取样送检岗位责任制,是否能够认真执行;试验报告内容及程序等是否正确;有无定期试验结果对比资料等; 2. 确定的见证取样送检人员,是否是具备建筑施工专业并经过培训合格(具有施工试验知识)的持证人员担任,人员名单是否通知施工单位、检测单位和监督机构等; 3. 见证人、取样送检标识、封志、签名等内容是否符合规定。抽查见证记录是否归入档案、检测报告是否加盖"见证取样"专用章	检查条款基本做到,即为符合规范要求
3.0.3	7. 检验批	检查各检验批验收的内容是否与国家推荐的表格内容一致	检查内容与表格内容一致,且应检的项目(内容)齐全,为符合规范要求
	8. 抽样检测	对照规范规定抽测的项目,检查施工单位制定的施工质量检验制度中抽样检测的内容及落实情况	规定的检测项目都有检测计划,并都进行了检测,结果符合要求,即为符合要求
	9. 检测单位	核查检测单位的资质是否有省建设主管部门颁发的资质证书、人员上岗证。抽查其检测结果的规范性和可比性	检测单位(人员)有资格证书且注明于资质文件中并符合要求的,才能进行检测,否则视为违反规范要求
	10. 观感检查	在工程开工前或施工过程中或工程验收时,抽查监理规划(实施细则)及执行情况	能到现场按程序进行检查,并由总监理工程师组织检查,结论明确,签证齐全,即为符合规范要求

注:表中具体强制性条文内容对照本书附录。

3. 违反强制性标准(条文)的处理

一般根据违反强制性标准的严重程度,处理步骤及内容包括:停止违反行为、应急处置、补救措施(方案)及实施、预防及改进、责任处罚等。

如当建筑工程质量不符合要求时,应按下列规定进行处理:

（1）经返工重做或更换器具、设备的检验批，应重新进行验收。

（2）经有资质的检测单位检测鉴定能够达到设计要求的检验批，应予以验收。

（3）经有资质的检测单位检测鉴定达不到设计要求，但经原设计单位核算认可能够满足结构安全和使用功能的检验批，可予以验收。

（4）经返修或加固处理的分项、分部工程，虽然改变外形尺寸但仍能满足安全使用要求，可按技术处理方案和协商文件进行验收。

（5）通过返修或加固处理仍不能满足安全使用要求的分部工程、单位（子单位）工程，严禁验收。

4. 违反强制性标准的处罚

《实施工程建设强制性标准监督规定》（建设部令 81 号），对参与建设活动各方责任主体违反强制性标准的处罚做出了具体的规定，这些规定与《建设工程质量管理条例》是一致的。

第四节　标准实施与监督管理主体

一、主体及其权利义务

1. 管理主体

工程建设标准化工作的法律主体可以分为管理主体和执行主体两个部分。根据职能的不同，目前我国工程建设标准化工作的管理主体可以从理论上分为主管机构、标准编制机构、强制性标准的执行监督机构、技术和产品的检验认证机构等 4 个部分。

（1）主管机构

主管机构又可以分为政府主管部门和非政府管理机构两类。政府管理部门包括国务院标准化行政主管部门、国务院工程建设主管部门、国务院有关行业主管部门、地方标准化行政主管部门、地方工程建设主管部门。非政府管理机构包括：

政府主管部门委托的负责工程建设标准化管理工作的机构以及专门的社会团体机构。此处所谓的主管，包括制定标准化的规章制度，制定标准化工作的规划与计划，对标准进行日常管理，组织标准的实施，对标准进行审批和备案，对无标产品和技术进行审批，对国外标准的采用进行备案，以及参与或组织各种标准编制活动等。

国务院标准化行政主管部门统一管理全国标准化工作。国务院工程建设主管部门负责全国的工程建设标准化工作。国务院有关行业主管部门配合国务院工程建设主管部门管理本行业的工程建设标准化工作。地方标准化行政主管部门统一管理本地方的标准化工作。地方工程建设主管部门负责管理本地方的工程建设标准化工作。目前非政府的管理机构只有中国工程建设标准化协会一家。受政府委托,该协会负责组织制定和管理工程建设推荐性标准。

(2)标准编制机构

工程建设标准的编制机构包括组织编制标准和具体编写标准的机构。目前我国的工程建设标准的编制机构包括国务院标准化行政主管部门、国务院工程建设主管部门、国务院有关行业主管部门、地方标准化行政主管部门、地方工程建设主管部门、中国工程建设标准化协会、工程建设各行业协会、科学研究机构和学术团体、企业等。

根据现行法律的规定,我国的工程建设国家标准由国务院工程建设行政主管部门组织制定和审批,由国务院工程建设行政主管部门和国务院标准化行政主管部门联合编号发布。涉及交通、通信、电力、民航、石油等行业的国家标准,由国务院工程建设行政主管部门和相关行业的主管部门共同制定。地方标准化行政主管部门和地方工程建设主管部门共同组织制定地方性工程建设标准,并由地方标准化行政主管部门审批编号发布。

法律规定,在标准编制过程中,应当发挥各种非政府组织、民间机构和企业的作用,吸引更多的主体参与到工程标准的编制工作中来。但是就现状而言,政府部门仍然是标准的最主要编制者,社会力量的参与仍然有限。政府组织编制所有的强制性标准,而将推荐性标准的制定和管理工作交由中国工程建设标准化协会负责。

(3)监督机构

强制性标准的执行监督机构是指对工程建设强制性标准的执行情况进行监督检查,并根据执行主体违反强制性标准的情况做出相应行政处罚决定,或者向有关行政主管部门建议做出行政处罚决定的机构。包括国务院工程建设主管部门、国务院有关行业主管部门、地方工程建设主管部门、建设项目规划审查机关、施工设计图设计文件审查单位、建筑安全监督管理机构、工程质量监督机构等。工程建设标准批准部门应当对工程项目执行强制性标准情况进行监督检查。

监督检查可以采取重点检查、抽查和专项检查的方式。建设项目规划审查机构应当对工程建设规划阶段执行强制性标准的情况实施监督。施工图设计文件审查单位应当对工程建设勘察、设计阶段执行强制性标准的情况实施监督。建筑安全监督管理机构应当对工程建设施工阶段执行施工安全强制性标准的情况实施监督。工程质量监督机构应当对工程建设施工、监理、验收等阶段执行强制性标准的情况实施监督。

（4）检验和认证机构

技术和产品的检验和认证机构包括国家和地方标准化行政主管部门和工程建设主管部门认可的检测机构和行业认证机构。法律规定，县级以上政府标准化行政主管部门，可以根据需要设置检验机构，或者授权其他单位的检验机构，对产品是否符合标准进行检验。国务院标准化行政主管部门组织或授权国务院有关行政主管部门建立行业认证机构，进行产品质量认证工作。国务院工程建设主管部门可以根据需要和国家有关规定设立检验机构，负责工程建设行业的检验工作。

检验和认证机构有权对建设工程中使用的材料、技术和施工工艺等是否符后现行国家强制性标准进行检验和认证。并对工程中拟采用的不符合现行强制性标准规定的新技术、新工艺、新材料进行检验，并做出是否可以采用的结论。

2. 执行主体

工程建设标准化工作的执行主体指工程建设强制性标准和推荐性标准的执行者，包括建设单位、勘察设计单位、咨询服务单位、施工单位、工程建设产品的生产单位和注册执业人员等。

我国现行的法律、法规和与工程建设标准化工作有关的部门规章中，对工程建设标准化工作的执行主体的权利和义务做出了如下规定：

（1）建设单位

建设单位有权要求勘察、设计、施工、工程监理等单位的行为符合工程建设强制性标准和双方约定采用的推荐性标准的规定。建设单位有权得到符合以上标准要求的工程建设产品。

建设单位不得对勘察、设计、施工、工程监理等单位提出不符合工程建设强制性标准规定的要求，不管这种要求是通过明示还是暗示的方式提出的。

（2）勘察设计单位

建设工程勘察、设计单位必须依法进行建设工程勘察、设计，严格执行工程建设强制性标准和与建设单位约定采用的推荐性标准，并对建设工程勘察、设计的质量负责。设计文件中选用的材料、构配件、设备，应当注明其规格、型号、性能等技术指标，其质量要求必须符合国家规定的标准。对于勘察、设计文件中拟采用的可能影响建设工程质量和安全又没有国家技术标准的新技术、新材料，勘察设计单位应当将其送往国家认可的检测机构进行试验、论证，待该认可检测机构出具检测报告，并经国务院有关部门或者省、自治区，直辖市人民政府有关部门组织的建设工程技术专家委员会审定通过后，方可使用。

（3）咨询服务单位

工程咨询服务单位有权代表建设单位，对勘察、设计、施工单位和工程建设产品的提供单位执行工程建设强制性标准和工程双方约定采用的推荐性标准的情况进行监督,要求勘察、设计和施工单位改正不符合标准规定的工艺、技术,有权要求施工单位停止采用不符合标准规定的工艺、技术和产品施工,有权拒绝使用不符合强制性标准要求的材料和工程产品。

工程咨询服务单位有义务按照强制性标准和工程双方约定采用的推荐性标准的要求,对勘察、设计、施工单位和工程建设产品的提供单位的执行情况进行监督。并将勘察、设计、施工单位违反标准要求的情况报告建设单位。

(4)施工单位

施工单位有权利得到满足强制性标准和工程双方约定采用的推荐性标准的勘察报告、设计图纸和工程材料。

施工单位发现建设工程勘察、设计文件不符合工程建设强制性标准和工程双方约定采用的推荐性标准的,应当报告建设单位。施工单位不得擅自更改工程设计。施工单位必须按照强制性标准和工程双方约定采用的推荐性标准施工,必须按照强制性标准和工程双方约定采用的推荐性标准对建筑材料、建筑构配件和设备进行检验,不合格的不得使用。

(5)工程建设产品供应单位

现行的工程建设标准化法律体系并未对工程建设产品的生产单位的权利与义务作出规定。但是类比其他相关法律(如《标准化法》《产品质量法》)的规定可以看出,工程建设产品的生产单位与其他产品的生产单位一样,负有生产满足强制性标准的产品的义务。

二、主体的法律责任

1. 管理主体的法律责任

现行法律法规对于作为法人的管理主体的法律责任没有作出规定,仅有《标准化法》《标准化法实施条例》和《实施工程建设强制性标准监督规定》对于管理主体中有违法行为的具体责任人(自然人)的法律责任做出了规定。建设行政主管部门和有关行政部门工作人员,玩忽职守、滥用职权、徇私舞弊的,给予行政处分;构成犯罪的,依法追究刑事责任。

2. 执行主体的法律责任

现行法律法规对于执行主体的法人和自然人的法律责任(行政责任,民事责任和刑事责任)都做出了详细的规定,下面按照执行主体的分类进行归纳总结。

(1)建设单位

建设单位违反法律规定,对勘察、设计、施工、工程监理等单位提出不符合安全生产法律、法规和强制性标准规定的要求的,明示或暗示其违反建筑工程质量、安全标准，降低工程质量、随意压缩工期的，责令改正，可以处以罚款（20 万元以上 50 万元以下）；造成损失的，依法承担赔偿责任。

（2）勘察设计单位

勘察单位不按照工程质量、安全标准进行勘察，设计单位不按照工程质量、安全标准和勘察成果文件进行设计的，责令改正，处以罚款（10 万元以上 30 万元以下）；造成工程质量事故的，责令停业整顿，降低资质等级直至吊销资质证书，没收违法所得，并处罚款；造成损失的，承担赔偿责任。

（3）咨询服务单位

工程监理单位未依照法律、法规和工程建设强制性标准实施监理的，责令限期改正；逾期未改正的，责令停业整顿，并处罚款（10 万元以上 30 万元以下）；违反强制性标准规定，将不合格的建设工程以及建筑材料、建筑构配件和设备按照合格签字的，责令改正，处以罚款（50 万元以上 100 万元以下）；以上两种行为情节严重的，降低资质等级，直至吊销资质证书；有违法所得的，予以没收；造成损失的，依法承担赔偿责任。

（4）施工单位

建筑施工企业转让、出借资质证书或者以其他方式允许他人以本企业的名义承揽工程的，承包单位将承包的工程转包的，或者违法进行分包的，责令改正，没收违法所得，并处罚款，可以责令停业整顿，降低资质等级；情节严重的，吊销资质证书。对因该项承揽工程不符合规定的质量标准造成的损失，建筑施工企业与使用本企业名义的单位或者个人承担连带赔偿责任；对因转包工程或者违法分包的工程不符合规定的质量标准造成的损失，与接受转包或者分包的单位承担连带赔偿责任。

建筑施工企业违反工程建设强制性标准的，在施工中偷工减料的，使用不合格的建筑材料、建筑构配件和设备的，或者有其他不按照工程设计图纸或者施工技术标准施工的行为的，未采取现场安全防护措施或采取的措施不符合安全、卫生标准的，责令改正，处以罚款（工程合同价款 2% 以上 4% 以下）；情节严重的，责令停业整顿，降低资质等级或者吊销资质证书；造成建筑工程质量不符合规定的质量标准的，负责返工、修理，并赔偿因此造成的损失。

（5）工程建设产品供应单位

《标准化法》《标准化法实施条例》规定：生产、销售、进口不符合强制性标准的产品的，由法律、行政法规规定的行政主管部门依法处理，法律、行政法规未作规定的，由工商行政管理部门责令其停止生产或销售，没收产品或限期追回已售出的商品，监督销毁或作必要技术处理，同时没收违法所得，并处罚款（该批产品货值金额 20%～50% 或者该批商品货值金额 10%～20%，同时对有关责任者处以 5000 元以下罚款）。

产品未经认证或者认证不合格而擅自使用认证标志出厂销售的，已经授予认证证书的产品不符合国家标准或者行业标准而使用认证标志出厂销售的，由标准化行政主管部门责令停止销售，并处罚款（前者违法所得 3 倍以下，后者违法所得 2 倍以下，同时可对单位负责人处以 5000 元以下罚款）；情节严重的，由认证部门撤销其认证证书。

企业研制新产品、改进产品、进行技术改造，不符合标准化要求的；科研、设计、生产中违反有关强制性标准规定的，由标准化行政主管部门或有关行政主管部门在各自的职权范围内责令限期改进，并可通报批评或给予责任者行政处分。

（6）自然人

《刑法》《建设工程质量管理条例》《建设工程安全生产管理条例》规定：建设单位、设计单位、施工单位、工程监理单位违反国家规定，降低工程质量标准，造成重大安全事故的，对直接责任人员处 5 年以下有期徒刑或者拘役，并处罚金；后果特别严重的，处 5 年以上 10 年以下有期徒刑，并处罚金。注册执业人员未执行法律、法规和工程建设强制性标准的，责令停止执业 3 个月以上 1 年以下；情节严重的，吊销执业资格证书，5 年内不予注册；造成重大安全事故的，终身不予注册；构成犯罪的，依照刑法有关规定追究刑事责任。

第五节　工程建设标准规范实施监督检查

一、工程建设标准规范的实施管理

1. 国家标准、行业标准和地方标准的实施管理

（1）施工企业工程建设标准化工作应以贯彻落实国家标准、行业标准和地方标准为主要任务。

（2）施工企业应将从事工程项目范围内的相关技术标准，都列入企业工程建设标准体系表进行系统管理。施工企业应有计划、有组织地贯彻落实国家标准、行业标准和地方标准。并应符合下列要求：

1）施工企业应对新发布的工程建设标准开展宣贯学习，了解和掌握新标准的内容，并对标准中技术要点进行深入研究；

2）施工企业在工程项目施工前应制定每一项技术标准的落实措施或实施细则；并应将相关技术标准的要求落实到工程项目的施工组织设计、施工技术方案及各项工序质量控制中；

3）施工企业工程项目技术负责人应结合工程项目的要求，在工程项目施工

前对贯彻落实标准的控制重点向有关技术管理人员进行技术交底；

4）施工企业工程项目技术管理人员在每个工序施工前，应对该工序使用的技术标准向操作人员进行操作技术交底，说明控制重点和保证工程质量及安全的措施；

5）施工企业应经常组织开展对技术标准执行情况及技术交底有效性的研究，以便不断改进执行技术标准的效果。

（3）施工企业工程建设标准化工作管理部门应将有关的技术标准逐项落实到相关部门、工程项目经理部，明确任务、内容和完成时间，并督促各相关部门制定落实措施。

（4）施工企业工程建设标准化工作管理部门，应组织对新颁布的技术标准的落实措施和实施细则进行检查，并一股脑对首次首道工序执行的情况进行检查；当工程质量达到标准要求后，在其后的工序应按首道工序执行的措施和细则进行。

（5）施工企业工程建设标准的贯彻落实应以工程项目为载体，充分发挥工程项目管理的作用。

2. 工程建设强制性标准的实施管理

（1）施工企业应对有关国家标准、行业标准和地方标准中的强制性条文和全文强制性标准进行重点管理，在标准宣贯学习中，应组织有关技术人员制定落实措施文件。施工组织设计、施工技术方案审查批准和技术交底的内容应包括落实措施文件。

（2）施工企业对国家标准、行业标准和地方标准中的强制性条文和全文强制性标准应落实到每个相关部门和工程项目经理部。项目经理、项目负责人及有关人员都应掌握相关强制性条文和全文强制性标准的技术要求，并应掌握控制的措施、工程质量指标和判定工程质量的方法。

3. 施工企业技术标准的实施管理

（1）施工企业技术标准的实施管理应与国家标准、行业标准和地方标准的实施管理协调一致。企业技术标准的编制应与标准的实施协调一致。

（2）施工企业技术标准从编制开始就应在各方面考虑为标准的实施创造条件。

（3）施工企业技术标准批准后，施工技术标准应由参与该标准编制的主要技术人员演示其技术要点，并应达到企业有关技术人员能掌握该项技术标准；施工工艺标准或操作规程应由参与编制的主要技术人员或技师演示该项技术，并应达到操作人员能执行该标准。

二、工程建设标准规范的实施监督检查

（1）施工企业对国家标准、行业标准和地方标准实施情况的监督检查，应分层次进行，由工程项目经理部组织现场的有关人员以工程项目为对象进行检查；由企业工程建设标准化工作管理部门组织企业内部有关职能部门以工程项目和技术标准为对象进行检查。

（2）施工企业工程建设标准实施监督检查，应以贯彻技术标准的控制措施和技术标准实施结果为检查重点。在工程施工前，应检查相关工程技术标准的配备和落实措施或实施细则等落实技术标准及措施文件的执行情况；在施工过程中，应检查有关落实技术标准及措施文件的执行情况；在每道工序及工程项目完工后，应检查有关技术标准的实施结果情况。

（3）施工企业工程建设标准的监督检查应符合下列要求：

1）每项国家标准、行业标准和地方标准颁布后，对在企业工程项目上首次首道工序上执行时，应由企业工程建设标准化工作管理部门组织企业内部有关职能部门重点检查；

2）在正常情况下每道工序完工后，操作者应自我检查，然后由企业质量部门检验评定；在每项工程项目完工后，由企业质量部门组织系统检查；

3）施工企业对每项技术标准执行情况，可由企业工程建设标准化工作管理部门组织按年度或阶段计划进行全面检查；

4）施工企业工程建设标准化工作管理部门，还可以对工程项目和技术标准随时组织抽查。

（4）施工企业工程建设标准监督检查，宜以工程项目为基础进行。每个工程项目应统计各工序技术标准落实的有效性和标准覆盖率，并应对工程项目开展工程建设标准化工作情况进行评估；

施工企业应统计所有工程项目技术标准执行的有效性和标准覆盖率，并应对企业开展工程建设标准化工作情况进行评估。

（5）施工企业工程建设标准监督检查发现的问题，应及时向企业工程建设标准化工作管理部门报告，并应督促相关部门和项目经理及时提出改进措施。

第六节　工程建设标准化的监督保障措施

一、对强制性标准执行情况的监督

1. 监督部门

按照我国现行法律法规的规定，强制性标准的执行监督机构包括国务院工

程建设主管部门、国务院有关行业主管部门、地方工程建设主管部门、建设项目规划审查机关、施工设计图设计文件审查单位、建筑安全监督管理机构、工程质量监督机构等。

国务院建设行政主管部门负责全国实施工程建设强制性标准的监督管理工作。国务院有关行政主管部门按照国务院的职能分工负责实施工程建设强制性标准的监督管理工作。县级以上地方人民政府建设行政主管部门负责本行政区域内实施工程建设强制性标准的监督管理工作。工程建设标准批准部门应当对工程项目执行强制性标准情况进行监督检查。

建设项目规划审查机构应当对工程建设规划阶段执行强制性标准的情况实施监督。施工图设计文件审查单位应当对工程建设勘察、设计阶段执行强制性标准的情况实施监督。建筑安全监督管理机构应当对工程建设施工阶段执行施工安全强制性标准的情况实施监督。工程质量监督机构应当对工程建设施工、监理、验收等阶段执行强制性标准的情况实施监督。建设项目规划审查机关、施工设计图设计文件审查单位、建筑安全监督管理机构、工程质量监督机构的技术人员必须熟悉、掌握工程建设强制性标准。

2. 监督手段

我国现行法律法规中,《建设工程质量管理条例》《建设工程安全生产管理条例》《实施工程建设强制性标准监督规定》对工程建设强制性标准的监督手段做出了规定。从这些规定中可以看出,我国目前对工程建设强制性标准执行的监督手段主要包括检查文件和资料、现场检查两种,而监督检查的方式则包括重点检查、抽检和专项检查3类。

县级以上人民政府建设行政主管部门和其他有关部门履行监督检查职责时,有权采取下列措施:要求被检查的单位提供有关工程质量的文件和资料;进入被检查单位的施工现场进行检查;发现有影响工程质量的问题时,责令改正。

3. 责任认定程序

目前我国法律法规对违反工程建设强制性标准的责任认定程序并无明确规定,《标准化法》和《标准化法实施条例》对产品标准的检验和认证机构做出了规定。《建筑法》和《建筑法修改稿》也对工程建设行业的质量认证制度做出了初步规定。但是目前对于工程建设强制性标准的认证制度针对的只是工程质量,而对于健康、安全、环境等其他方面的标准的检验和认证制度还没有完全建立起来。

二、对推荐性标准的认证

我国现行法律法规均未对推荐性标准的认证问题作出规定。相比对于强制性标准执行监督的详细规定,这是一片空白区域。在将来的技术法规、技术标准体系中,技术标准不应该成为技术法规的补充,而应当成为技术要求高于技术法规的更高的标准。虽然不强制执行,却应该比强制执行的技术标准更具有吸引力,成为优秀的企业竞相追逐的目标。将来的制度设计应该能够让那些执行比技术法规要求的技术更为先进的技术标准的企业获得相应的好处,这样才能鼓励它们采用先进的标准。如何对将来的技术标准执行情况进行认证,并对采用比技术法规要求更为严格的技术标准的企业进行鼓励,是一个亟待解决的问题。不解决这个问题,就无法改变目前推荐性标准无人问津的尴尬局面。

三、对无标产品和技术的认证

我国现行的标准化法律和工程建设法律施行时间都比较早,当时还没有考虑到无标产品和技术的认证问题,所以其中并未对其作出规定。近年来,随着我国加入WTO,工程建设行业也越来越开放,大量我国现行标准中没有规定的新技术和新产品进入到我国工程建设市场,对这些产品和技术如何认证成了一个亟待解决的问题。

在较晚出台的《建设工程勘察设计管理条例》中,对于无标产品和技术的认证第一次做出了明确的规定。"建设工程勘察、设计文件中规定采用的新技术、新材料,可能影响建设工程质量和安全,又没有国家技术标准的,应当由国家认可的检测机构进行试验、论证,出具检测报告,并经国务院有关部门或者省、自治区、直辖市人民政府有关部门组织的建设工程技术专家委员会审定后,方可使用"。

《实施工程建设强制性标准监督规定》更进一步,对于现行强制性标准无规定的国际标准或国外标准的应用问题做出了规定:"工程建设中拟采用的新技术、新工艺、新材料,不符合现行强制性标准规定的,应当由拟采用单位提请建设单位组织专题技术论证,报批准标准的建设行政主管部门或者国务院有关主管部门审定。工程建设中采用国际标准或者国外标准,现行强制性标准未作规定的,建设单位应当向国务院建设行政主管部门或者国务院有关行政主管部门备案"。规定对于此类标准的采用实行备案制,透露出我国对于采用工程建设领域国际先进标准的积极开放态度。

第五章 工程建设标准强制性条文

第一节 强制性条文基础知识

一、强制性条文定义

《强制性条文》包括城乡规划、城市建设、房屋建筑、工业建筑、水利工程、电力工程、信息工程、水运工程、公路工程、铁道工程、石油和化工建设工程、矿山工程、人防工程、广播电影电视工程和民航机场工程等部分。《强制性条文》的内容,是工程建设现行国家和行业标准中直接涉及人民生命财产安全、人身健康、环境保护和其他公众利益,同时考虑了提高经济效益和社会效益等方面的要求。列入《强制性条文》的所有条文都必须严格执行。《强制性条文》是参与建设活动各方执行工程建设强制性标准和政府对执行情况实施监督的依据。

二、强制性条文产生背景

1. 我国的工程建设强制性标准

我国工程建设标准规范体系总计约3600本规范标准中的绝大多数(97%)是强制性标准;其中有关房屋建筑的内容,总计约15万条。这样多的条文给监督和管理带来诸多不便。而且,这些标准尽管是强制性的,但其中也掺杂了许多选择性的和推荐性的技术要求。例如在标准规范中表达为"宜"和"可"的规定就完全不具备强制性质。加上强制性标准数量多、内容杂,在实际执行时往往冲击了真正应该强制的重要内容,反而使"强制"逐渐失去了其威慑力,淡化了其作为强制性要求的作用。

因此,尽管我国已经建立起了相对严密而完善的标准规范体系,而且其中多数都是强制性的,但多年来工程质量事故仍不断发生。排除许多非技术性因素的干扰,传统标准规范的管理体制恐怕也存在一些问题。

2. 建设工程质量管理条例

为加强我国建设工程的质量管理、保证工程质量。2001年1月30日国务院以第279号令的形式公布了《建设工程质量管理条例》。条例中规定了建设单位、勘察设计单位、施工单位、监理单位和建筑管理部门在工程质量中的权力和责任,对规范工程质量管理和整顿建筑市场秩序作出了明确的规定。在条例的最后有"罚则"一章,规定了勘察、设计单位如未按工程建设强制性标准进行勘察设计者,处 10 万元以上、30 万元以下的罚款。并且,如由此而造成工程质量事故者,还要责令停业整顿,降低资质等级;情节严重的还要吊销资质证书;造成的损失还应依法承担赔偿责任。

《建设工程质量管理条例》以法令的形式,肯定了强制性标准在保证工程建设质量中的作用,这是分析和总结了我国近年发生的许多工程质量事故以后得出的结论。任何工程质量事故发生的根本原因,尽管各自的具体情况不同,但总有一条最基本的理由——那就是或多或少地违反了相关的工程建设强制性标准。因此,为提高我国的工程建设质量,避免工程质量事故,必须强调强制性标准的作用。但是,条例在实际执行上也会发生一些具体困难。对房屋建筑而言,多达 15 万条的强制条文,很难在实际工程建设监督中真正地全面检查执行。

3. 强制性条文编制

2001 年 3 月初,建设部在北京集中了我国有关房屋建筑重要强制性标准的主要负责专家 150 人,从各自管理的强制性标准规范的十余万条技术规定中,经反复筛选比较,挑选出重要的,对建筑工程的安全、环保、健康、公益有重大影响的条款 1500 条,编制成工程建设强制性条文(房屋建筑部分)。经有关专家、领导审查鉴定,2000 年 5 月《工程建设标准强制性条文》正式公布。稍后,2000 年 8 月又公布了《实施工程建设强制性标准监督规定》,对其执行作出规定。

此后,建设部及有关部门连续组织学习班,由各地抽调骨干进行宣贯培训,迅速将强制性条文的精神传达到全国以贯彻执行。2001 年 9 月,在全国范围内进行的建设工程质量大检查中,强制性条文的执行情况被列为重点的检查项目,表明了领导部门对强制性条文的高度重视和坚决贯彻执行的决心。

2001 年 2 月《工程建设标准强制性条文》(房屋建筑部分)管理委员会成立,并制订了相应的章程,2002 年 3 月正式成立专家咨询委员会,标志着强制性条文的管理逐渐走上了正轨。

三、强制性条文的作用

1. 具备法律性质

《建筑工程质量管理条例》是国务院通过行政立法程序公布的法令,具备法律性质,对整顿建筑市场,规范建筑市场中的竞争行为,起到了重要作用。《强制性条文》作为《条例》的延伸和补充,从技术的角度来保证建设工程的质量,同样具备某些法律的属性。这表现在以下两个方面:

首先,一经查出违反《强制性条文》,不管是否发生工程质量事故,都要追究责任。这就如同交通规则一样,由于其是法律,只要违反,不管是否肇事都必须处罚。强制性条文就具有类似的法律性质。

其次,违反《强制性条文》的处罚力度远大于一般的违反强制性标准。对设计而言,罚款起价 10 万元,最多可达 30 万元;如造成严重损失的,还要降低甚至吊销资质并依法赔偿。因为这已不是一般的错误,而认为是触犯法律了。

与其相比,一般的强制性标准不具备法律性质。即使违反,只要不出事故一般也不会追究。只有在追查工程质量事故时,才会根据强制性标准的有关条款判断有关的责任。且处罚力度也小得多,因为其只是技术问题,还不具备法律性质。至于推荐性标准,不带强制性质,而为自愿采用。相比之下,强制性条文的法律性质是显而易见的。

2. 有可操作性

编制《强制性条文》的最直接目的之一就是为了执行《建设工程质量管理条例》的"罚则",作为惩罚的依据。因此,必须具有可执行性,即不能只是一种抽象的概念或原则,而必须有明确的操作意义。换言之,即在执行罚则时,应令人信服地使被罚者找不出任何由于条文模棱两可而可推卸责任的理由。

结构设计部分的强制性条文从内容上可以分为以下 5 类:

(1)材料的强度取值;

(2)结构的设计准则;

(3)结构的基本构造问题;

(4)构件的构造措施;

(5)混凝土结构抗震设计。

这些条款都是有具体内容的可执行条款,因此是否违反非常明确,检查执行情况时,可操作性很大。

3. 具备影响结构安全的重要性

作为《工程建设标准强制性条文》的结构类条文、最主要的考虑因素是安全。尽管单靠强制性条文并不能完全解决结构的安全问题,但是相对而言,入选的强制性条文都具备影响结构安全的重要性。许多工程质量事故,尤其是恶性工程事故,证实了上述条款的重要性。在设计过程中,所有条款对安全可靠的影响却并不完全是一致的。挑选出其中对安全有直接和决定性影响的少数关键条款,以强制性条文的形式强制执行,对确保结构安全确实可以起到有效控制的作用。

4. 具有强制的合理性

会引起严厉处罚的带有法律性质的强制性规定的选定,当然必须十分谨慎,

应当避免这种严惩有任何扩大化的倾向。为此,在选择时考虑了以下两个因素:

首先,强制性条文的数量必须严加控制,其数量应减少到真正控制安全的极少数几条上,这有利于其执行,同时又不至于引起设计人员的过大压力。

其次,这些条文多属常识性内容,一般情况下是不会违反的。只有在极不负责任或完全不按正常设计程序进行校核、审查时才有可能发生。届时进行惩罚,应该说也是合情合理的事情了。例如,材料强度取值错误、荷载取值不正确、最小配筋率不足等。这些强制性条文对一般设计人员应该说是不算过分的要求。

《工程建设标准强制性条文》实行一年以来,并未遭到设计人员的反对和抵触,应该说与其选择时相对合理不无关系。在修订的新规范中,强制性条文的数量进一步减少,因而就更为合理了。

四、执行强制性条文的注意事项

1. 强制性条文的重要性

(1)对结构安全的影响

从设计的角度,要保证混凝土结构的安全需要考虑从荷载取值、材料强度、计算简图、内力分析到截面设计、配筋构造、抗震措施等一系列因素,才能真正确保结构安全。仅凭几条强制性条文是不能确保其真正安全的。但无论如何,新规范中筛选出来的强制性条文在确保安全,避免脆性破坏和恶性事故中起着重要作用,因此应该认为是对结构安全有重要影响的条款。设计人员应该通过学习牢记。强制性条文是无论如何不能违反的。

(2)违反强制性条文的严厉惩罚

强制性条文的重要性还表现在一旦违反将招致严惩。对设计人员而言,起码是罚款 10 万元以上,多至 30 万元。如果引起质量事故和造成严重损失,还将导致降低资质,承担赔偿甚至吊销资质证书的后果。因此设计人员必须熟悉这几条强制性条文,并在具体设计工作中严格遵守。

(3)强制性条文的法律性质

强制性条文虽是技术标准中的技术要求,但已具有某些法律性质。表现为其一旦违反,不论是否引起事故,都将被严厉惩罚,这种惩罚带有某些法律性质,已超出一般技术性质的范畴。事实上,强制性条文将来会演变成"建筑法规",因而已具有法律的雏形。

2. 强制性条文的执行

(1)设计的重要依据

强制性条文数量很有限,且具有操作性。在混凝土结构设计时,凡涉及一定要反复核对,给予保证。因为带有根本性质,一旦违反可能引起严重后果,因此比一般条款重要得多,必须严格遵守。

(2)设计审核的重点

由于强制性条文的重要性及违反时可能带来的严重后果,在设计审核时应重点检查验算。设计审查时,通过对强制性条文的复核,对保证结构安全具有重要意义。

(3)定期的检查

设计单位要对强制性条文在工程设计中的应用情况进行自查和审核以外,近年国家也要对强制性条文的执行情况进行监督检查。这一方面是为了保证工程设计质量和结构的安全;另一方面也希望通过检查督促设计人员建立起"强制性条文"的概念,为将来标准体系的改革打下基础。

3. 强制性条文的修订

"强制性条文"不会是一成不变的,它通过有关的强制性标准的修订而不断更变。《实施工程建设强制性标准监督规定》中提出,每年都将公布有关强制性条文的变化情况。因此,设计人员对与自己工作有关的规范标准应密切关注,以适应强制性条文修订变化的形势。

五、强制性条文的发展

1. 标准规范体系的发展

(1)现行的标准规范体系及存在问题

我国工程建设标准规范已有 3600 本以上的标准规范,构成了完整严密的标准规范体系。其中有国际标准(9%)、行业标准(67%)、地方标准(21%)及推荐性标准(3%),基本上实现了所有工程建设的各种活动都可以"有法可依"。这对保证建筑工程质量起到了积极作用。但是现行的规范标准体系也存在着一定问题,特别是由计划经济向市场经济过渡的条件下,暴露出一定缺陷。

1)现行绝大多数标准规范是在计划经济条件下,政府用行政手段建立起来的;

2)技术问题法制化不利于创造性和主动性的发挥;

3)强制面太广淡化了强制的意义,反而冲击了真正应该强制的内容;

4)编制周期过长,不利于新技术、新材料、新工艺的应用。有可能成为技术进步的障碍;

5)技术问题大包干,事无巨细的强制规定,造成对规范标准的过分依赖,缺少创新精神;

6)技术不断发展变化,机械执行标准规范往往成为推卸质量事故,逃避责任的借口;

7)对规范标准的过分依赖,造成保护落后,不利于技术创新和竞争能力。

加入 WTO 以后开放建筑市场,按国际惯例竞争,将处于不利地位。对比,所有的工程建设单位、企业及从业人员,应有清醒的认识。

(2)标准规范管理体制的变化

我国近年加大改革力度,政府职能调整,对于技术问题的控制将可能削弱,而集中精力管理政策、法令秩序等更为重要和宏观的问题。非政府组织如行业协会、学会等的作用将得到加强。一般技术性的问题,例如技术性较强的标准规范,有可能逐渐转为由非政府部门管理,因而其法制化的强制性质有可能逐渐削弱。当然,对于事关工程安全、人体健康、环境保护、公共利益性质的强制性条文将由政府部门以行政手段管理、执行,并提升其作为法律的性质。上述标准规范管理体制方面的变化在其他行业已比较明显,对于工程建筑标准规范体系也有同样的趋势。

2. 强制性条文的发展

(1)国外的标准规范体系

国外的标准规范体制不尽相同,但大体可以分为以下几个层次:

1)技术法规。由立法程序建立而由政府以法令形式公布执行的技术法规,对事关人身安全、环境保护、公共利益和人体健康的内容作为法律强制执行。一经违反则严惩不贷,因为其已具有法律的地位。

2)技术标准。由行业协会、学会组织编制,修订和管理的技术性标准、规范已不具有法律地位,因而不具备强制性质。其提出了对各种技术问题最低限度的要求,供技术人员自愿参考采用,并经常修订和变更,以适应技术发展和变化的需要。

3)企业标准。企业利用自己的技术优势制订各类企业标准(或技术措施)。其具有知识产权而成为企业的无形资产,是企业参与市场竞争的有力手段。由于技术先进及主动性创造性的发挥,其水平可能高于法规和标准。

其余如标准设计、指南手册、计算程序等作为标准规范的补充手段而存在,但只是作为一种市场商品,在市场竞争中体现其价值。

(2)强制性条文的发展

作为标准规范改革的第一步,从众多的技术标准中筛选出了强制性条文,强制性条文强制执行并赋予其以一定的法律性质。随着改革的深入,《强制性条文》不可能一成不变,其迟早将通过一定的途径而演变成《技术法规》。就如同国外市场经济比较发达的国家一样,有关安全、环保、健康和公益的内容将构成未来的《技术法规》而由政府部门以法律形式强制执行。

其余技术性较强的内容将成为《技术标准》,当然其将不再具有法制的强制性质。鉴于我国目前标准规范数量巨大、繁琐、重复、甚至矛盾的现象时有发生。因此有必要对未来的技术标准体系作一定的调整,合并、协调、分工明确将方便规范标准的应用。有些过于繁琐的内容本不属于规范标准的范围,应交由手册指南解决。

上述变化的大趋势是肯定无疑的,但具体实施和过渡的形式和时间还难以预测。有关人员对这种即将到来的变化应有思想准备。

第二节　强制性条文的实施

一、实施标准的要素

根据标准化法的规定,标准化工作的三大任务是:制定标准、实施和对实施标准的监督,这三大任务从参与标准化的各个不同的主体来区别的。从制定标准的目的来看,制定出来的标准如果得不到执行,标准制定本身也是没有意义的。因此,使得制定出来的标准得到贯彻执行有 3 个基本的要素,即标准的权威性、公众的标准化意识、对执行标准的监督,这 3 个要素缺一不可,相互支撑。

(1)标准的权威性

标准的权威性是指标准在制定过程中按照标准化的原则,符合标准的程序,通过大家公认,得到广泛使用,从而带来直接的效益。一项好的标准在使用者执行以后产生明显的效果,也使得大家更加的自觉遵守执行。通过实践来看,影响标准的权威性主要在以下几个方面:

1)"制标权"

标准的起草谁最有资格?制定标准的单位和个人是在建立一种市场的技术规则,公正与权威是重要的尺度,一流的单位和一流的专家是保证标准的先决条件,独立于任何方的组织者是保证标准的必要条件。国际上,标准的组织者多数是一些具有独立的机构,如标准化专业技术委员会,但为了向企业提供高质量的标准,在起草过程中也同时吸收了企业界专家来参加,但并不受他们的控制。

2)技术储备

标准的制定是对大量的事物和概念进行高度概括和总结,判定出符合客观规律的结论。它要求对所制定标准的对象进行系统全面的分析和掌握,期间还需要进行大量的论证试验、试设计和工程的试用。因此,制定标准前期的技术储备是提升标准质量的重要途径,如此制定出来的高质量的标准,就容易得到推广应用。

3)制定过程的透明度

标准编制总体上是少数人员进行,但是执行者是多数的。编制出来的标准是从纷繁复杂的具体事物中总结出规律性的结论,这个过程是否准确反映了客观世界,就需要将来执行标准者广泛参与。积极对标准制定过程提出意见,这是执行者的权利,如果出现不适合的地方,标准批准后修改起来的程序比当初提出意见要复杂得多,这就要求标准在制定过程必须公开、透明。

(2)公众的标准化意识

执行标准主要应该靠执行者自觉进行,这就要求大家熟悉标准。当今科学技术发展迅猛,一些新的技术在人们还没有完全掌握的情况下,就有可能被更新的技术替代。人们没有天生犯错误的习惯,许多违反标准的行为是因为不知道标准的规定而造成的,因此,让公众知道标准的规定,形成有意识的去执行是非常必要的。德国一家保险公司在 1997 年对出现保险事故索赔的调查中发现,有60％的原因是人们不知道如何操作,没有看见相应的操作规程。我国工程结构领域从容许应力设计法到可靠度极限状态设计法,由于设计的基本理论发生了极大的变化,推行的规范中存在着一些技术不能适应,转而单纯依靠计算机软件来完成,造成不理解规范、不按照规范执行的现象。

对标准的学习实际上也是对新技术的掌握,标准规范掌握好了以后就能够自觉遵守标准的规定,按照标准去执行。

(3)对执行标准的监督

对执行标准的监督是 3 个要素中最难处理的。因为这是执行标准最后一道闸门,也是较为重要的防线,特别是强制性标准如果缺乏监督,造成的危害是直接的。

对违反强制性标准的处罚,不能简单地认为是处罚的需要,更为重要的是执行标准的监督应当建立事前监督和事后处理的制度。

二、符合强制性标准的判断

质量是反映实体满足明确需要或隐含需要能力的特征和特性的总和。明确需要是指在标准、规范、合同和技术文件已经作出规定的需要;而隐含需要一是指用户或社会对工程或服务的期望,二是指人们公认的、不言而喻的、不必作出规定的。可以看出,完整的质量要求是应具有满足明确需要和隐含需要两个方面的能力。作为建筑工程质量验收规范。所规定的内容是大家都应遵守的明确需要,没有满足质量标准、规范规定的要求则为不合格(Nonconformity),但是质量标准、规范规定的要求,往往又不完全等同用户的最终使用要求,特别是隐含的期望。为此,各系列规范均明确规定:在工程施工中采用的工程技术文件、承包合同文件对施工质量的要求不得低于规范的规定。

(1)不符合规范要求的处理

不合格的工程不得交付使用,不合格的判定应当以标准规范的规定为依据。

在具体工程项目中,符合标准规范的检验指标是存在的,具有质量缺陷的工程也是存在的,是否都应判定为不合格工程。事实上,工程施工过程中发现的问题多数是可以及时处理达到标准规范的规定的,为此,《建筑工程施工质量验收统一标准》(GB 50300—2013)第 5 章规定,对建筑工程质量不符合要求的可进行采取返工、鉴定、复核、加固等下列办法:

1)经返工或返修的检验批,应重新进行验收;

2)经有资质的检测机构检测鉴定能够达到设计要求的检验批,应予以验收;

3)经有资质的检测机构检测鉴定达不到设计要求、但经原设计单位核算认可能够满足安全和使用功能的检验批,可予以验收;

4)经返修或加固处理的分项、分部工程,满足安全及使用功能要求,可按技术处理方案和协商文件的要求进行验收。

当采取上述 4 种办法后,仍不能满足安全使用要求的分部工程、单位(子单位)工程,严禁验收。

(2)符合强制性条文的判定

符合规范的判定是执行强制性条文重要内容,它不仅涉及按照规范进行施工,而且还涉及参建各方责任主体的量裁。在判定中应注意以下的情况:

1)符合强制性标准,各项内容满足规范的规定;

2)可能违反强制性标准,但是检查时还难以做出结论,需要进一步判定,这时需要通过检查单位,设计单位核定后再判定;

3)违反强制性标准,对于一些资料性的内容,如果个别地方出现笔误,且不影响工程质量安全,经过整改能够达到规范要求可以判定为符合强制性标准,但是如果未经过验收或者验收以后不符合规范要求而继续进行下一工序过程的施工,应判定为违反强制性标准。

三、新技术、新工艺、新材料的运用

标准是以实践经验的总结和科学技术的发展为基础的,它不是某项科学技术研究成果。也不是单纯的实践经验总结,而必须是体现两者有机结合的综合成果。实践经验需要科学的归纳、分析、提炼,才能具有普遍的指导意义;科学技术研究成果必须通过实践检验才能确认其客观实际的可靠程度。因此,任何一项新技术、新工艺、新材料要纳入到标准中。必须具备:①技术鉴定;②通过一定范围内的试行;③按照标准的制定提炼加工。

标准与科学技术发展密切相连,标准应当与科学技术发展同步,适时地将科学技术纳入到标准中去。科技进步是提高标准制定质量的关键环节,反过来,如果新技术、新工艺、新材料得不到推行,就难以获取实践的检验,也不能验证其正确性,纳入到标准中也不可靠,为此,给出适当的条件允许其发展,是建立标准与科学技术桥梁的重要机制。

标准的强制是技术内容法治化的体现,但是它并不排斥新技术、新材料、新工艺的应用,更不会技术人员创造性的发挥,按照建设部令第 81 号《实施工程建设强制性标准监督规定》第五条"工程建设中拟采用的新技术、新工艺、新材料,不符合现行强制性标准规定的,应当由拟采用单位提请建设单位组织专题技术论证,报批准标准的建设行政主管部门或者国务院有关主管部门审定。"以及"工程建设中采用国际标准或者国外标准,现行强制性标准未作规定的,建设单位应当向国务院建设行政主管部门或者国务院有关行政主管部门备案。"

不符合现行强制性标准规定的与现行强制性标准未作规定的,这两者的情况是不一样的。对于新技术、新工艺、新材料不符合现行强制性标准规定的,是指现行强制性标准(实质是强制性条文)中已经有明确的规定或者限制,而新技术、新工艺、新材料达不到这些要求或者超过其限制条件,这时如果现行强制性标准中未作规定,则不受建设部令第 81 号《实施工程建设强制性标准监督规定》的约束;对于国际标准或者国外标准的规定,现行强制性标准未作规定,采纳时应当办理备案程序,此时应当由采纳单位自负其责,但是,如果国际标准或者国外标准的规定不符合现行强制性标准规定,则不允许采用,这时国际标准或者国外标准的规定属于新技术、新工艺、新材料的范畴,则应该按照新技术、新工艺、新材料的约束进行办理审批程序。

需要说明的是建设部在 2002 年颁布的第 111 号部长令《超限高层建筑工程抗震设防管理规定》中,超限高层建筑工程是指超出现行有关技术标准所规定的适用高度、高宽比限值或体型规则性要求的高层建筑工程。也就是指有关抗震方面强制性标准超出规定的应当按照第 111 号令执行。对于强制性标准明确作出规定的,而不符合时,应当按照建设部令第 81 号《实施工程建设强制性标准监督规定》执行。

第三节　强制性标准及强制性条文实施监督

一、工程建设强制性标准实施监督

1. 编制《实施工程建设强制性标准监督规定》的目的

《实施工程建设强制性标准监督规定》(以下内容中简称《监督规定》)是 2000 年 8 月 21 日经建设部第 27 次常务会议通过,2000 年 8 月 25 日以第 81 号建设部令发布实施的部门规章。该《监督规定》编制并发布实施的目的,概括起来有以下两个方面：

第一，为了完善工程建设标准化法规体系。《标准化法》规定的标准化工作的任务是制定标准、实施标准和对标准的实施进行监督，近十多年来，国务院建设行政主管部门、国务院有关部门以及地方建设行政主管部门，在标准化工作中制定了一系列的法规或规范性文件，总体来看，这些法规或规范性文件基本上是有关工程建设标准制定方面的。长期以来，工程建设标准化工作者一直试图制定出有关标准实施与监督方面的法规或规范性文件，但始终没能找到恰当的切入点。《建设工程质量管理条例》的发布实施，对工程建设标准的实施作出了明确而具体的规定，从某种程度上讲，基本解决了实施标准的法律依据问题，《监督规定》的发布实施，可以说解决了对标准实施进行监督活动中的具体问题。

第二，奠定了《强制性条文》的法律基础。《建设工程质量管理条例》有关工程建设标准实施和处罚的规定，都是针对强制性标准而言的，建设部会同各有关主管部门组织编制的《强制性条文》与"强制性标准"显然不是同一个概念，虽然建设部在发布《强制性条文》的通知中规定了它的法律地位，但是文件并不能代替法规，必须要有法规对此予以规定。《监督规定》中明确了这一关系，即"本规定所称工程建设强制性标准是指直接涉及工程质量、安全、卫生及环境保护等方面的工程建设标准强制性条文。"这一规定使得《强制性条文》作为监督标准实施的依据具有了合法的地位，从而形成了《建设工程质量管理条例》《监督规定》《强制性条文》相互依存、相互协调的，完整、有效的工程建设强制性标准的实施与监督法规体系。

2. 工程建设强制性标准实施监督的职责

《监督规定》对工程建设强制性实施进行监督职责的规定，包括以下3点：

(1)国务院建设行政主管部门负责全国实施工程建设强制性标准的监督管理工作。国务院有关行政主管部门按照国务院的职能分工负责实施工程建设强制性标准的监督管理工作。县级以上地方人民政府建设行政主管部门负责本行政区域内实施工程建设强制性标准的监督管理工作。

(2)建设项目规划审查机关应当对工程建设规划阶段执行强制性标准的情况实施监督。施工图设计文件审查单位应当对工程建设勘察、设计阶段执行强制性标准的情况实施监督。建筑安全监督管理机构应当对工程建设施工阶段执行施工安全强制性标准的情况实施监督。工程质量监督机构应当对工程建设施工、监理、验收等阶段执行强制性标准的情况实施监督。

(3)工程建设标准批准部门应当定期对建设项目规划审查机关、施工图设计文件审查单位、建筑安全监督管理机构、工程质量监督机构实施强制性标准的监督进行检查，对监督不力的单位和个人，给予通报批评，建议有关部门处理。工程建设标准批准部门应当对工程项目执行强制性标准情况进行监督检查。监督检查可以采取重点检查、抽查和专项检查的方式。

3. 工程建设标准实施监督职责

各有关机构履行工程建设标准实施监督职责的义务,有以下几个方面:

(1)建设行政主管部门或者有关行政主管部门在处理重大工程事故时,应当有工程建设标准方面的专家参加。工程事故报告应当包括是否符合工程建设强制性标准的意见。

(2)建设项目规划审查机关、施工图设计文件审查单位、建筑安全监督管理机构、工程质量监督机构的技术人员必须熟悉、掌握工程建设强制性标准。

(3)工程建设标准批准部门应当将强制性标准监督检查结果在一定范围内公告;负责工程建设强制性标准的解释,对有关标准具体技术内容的解释,可以委托该标准的编制管理单位负责。

(4)工程技术人员应当参加有关工程建设强制性标准的培训,并可以计入继续教育学时。

4. 工程建设强制性标准进行监督检查内容

对工程建设强制性标准进行监督检查与对建设工程质量的监督检查是有区别的,重点在于监督检查工程建设强制性标准是否真正在建设工程实际中得到了贯彻落实。据此确定的监督检查内容包括:

(1)有关工程技术人员是否熟悉、掌握强制性标准;

(2)工程项目的规划、勘察、设计、施工、验收等是否符合强制性标准的规定;

(3)工程项目采用的材料、设备是否符合强制性标准的规定;

(4)工程项目的安全、质量是否符合强制性标准的规定;

(5)工程中采用的导则、指南、手册、计算机软件的内容是否符合强制性标准的规定。

5. 工程建设强制性标准未作规定的处理

《监督规定》中确定:

工程建设中拟采用的新技术、新工艺、新材料,不符合现行强制性标准规定的,应当由拟采用单位提请建设单位组织专题技术论证,报批准标准的建设行政主管部门或者国务院有关主管部门审定。

工程建设中采用国际标准或者国外标准,现行强制性标准未作规定的,建设单位应当向国务院建设行政主管部门或者国务院有关行政主管部门备案。

6. 违反工程建设强制性标准的处罚

对违反工程建设强制性标准的处罚措施,主要包括以下几个方面:

（1）任何单位和个人对违反工程建设强制性标准的行为有权向建设行政主管部门或者有关部门检举、控告、投诉。

（2）建设单位有下列行为之一的，责令改正，处 20 万元以上 50 万元以下的罚款：

1）明示或暗示施工单位使用不合格的建筑材料、建筑构配件和设备的；

2）明示或暗示设计单位或者施工单位违反工程建设强制性标准，降低工程质量的。

（3）勘察、设计单位违反工程建设强制性标准进行勘察、设计的，责令改正，处 10 万元以上 30 万元以下的罚款。有前款行为，造成工程质量事故的，责令停业整顿，降低资质等级；情节严重的，吊销资质证书；造成损失的，依法承担赔偿责任。

（4）施工单位违反工程建设强制性标准的，责令改正，处工程合同价款 2% 以上 4% 以下的罚款；造成建设工程质量不符合规定的质量标准的，负责返工、修理，并赔偿因此造成的损失；情节严重的，责令停业整顿，降低资质等级或者吊销资质证书。

（5）工程监理单位违反工程建设强制性标准的，将不合格的建设工程以及建筑材料、建筑构配件和设备按照合格签字的，责令改正，处 50 万元以上 100 万元以下的罚款，降低资质等级或者吊销资质证书；有违法所得的，予以没收；造成损失的，承担连带赔偿责任。

（6）违反工程建设强制性标准造成工程质量、安全隐患工程事故的，按照《建设工程质量管理条例》有关规定，对事故责任单位和责任人进行处罚。

（7）有关责令停业整顿、降低资质等级和吊销资质证书的行政处罚，由颁发资质证书的机关决定；其他行政处罚，由建设行政主管部门或者有关部门依照法定职权决定。

（8）建设行政主管部门和有关行政主管部门工作人员，玩忽职守、滥用职权、徇私舞弊的，给予行政处分；构成犯罪的依法追究刑事责任。

二、工程建设强制性条文实施监督

1. 编制《工程建设标准强制性条文》意义

编制《强制性条文》有着特定的历史背景和现实需求。

（1）《强制性条文》首先是经济发展与经济体制改革的产物

工程建设活动作为经济建设活动中的重要组成部分，其规模、形式必然要适应整个社会经济建设形势、模式的需要。飞速发展的经济建设和日趋深化的经济体制改革，势必带来大规模的工程建设，以及相应的工程建设运行及管理机制的变革。工程建设标准和为工程建设活动的基本技术依据和通用规则,其框架体系、管理体制和运行机制的建立,也必然依附并适应于工程建设体制、机制乃至整个经济体制的改革与发展。

纵观我国社会主义经济体制改革的历程,并对应分析我国工程建设标准化的发展,我们可以清楚地看出,一定时期的工程建设标准化体制均与当时的经济体制相关联,同时也与当时政府在经济建设活动中所承担的角色有关。

1)单一计划经济体制时期。从建国初期一直到改革开放之前,我国在较长的社会主义建设时期实行的是单一的计划经济体制,工程建设标准体制也一直沿用的是单一的强制性标准体制。1979 年 7 月 31 日我国颁布的《中华人民共和国标准化管理条例》中,明确规定:"技术标准是从事生产、建设工作以及商品流通的一种共同技术依据。""标准一经发布,就是技术法规,各级生产、建设、科研、设计、管理部门和企事业单位不得擅自更改或降低标准。"即标准一经批准发布就是技术法规,就必须严格贯彻执行。这种长期形成的观念对后期标准化工作的改革发展产生了深远的影响。在 30 多年的时间里,批准发布了相当数量的标准,大量的基础性标准都是在这一时期,在国家的全力支持下得以完成,尤其是房屋建筑部分的标准体系框架在此时期初步成形。

2)计划指导下的商品经济时期。从 1989 年《标准化法》发布实施以来,在经过的十多年的时间里,工程建设强制性与推荐性标准相结合的体制已初步确立。强制性与推荐性相结合的标准体制,是计划指导下的商品经济体制的产物。《标准化法》的立法目的中规定,制定本法的目的之一就是适应有计划的商品经济,即从其发布之日起,就已经打上了"有计划的商品经济"的烙印。所规定的强制性与推荐性相结合的标准体制,自然也是对应着有计划的商品经济体制。我国由计划经济体制向有计划的商品经济体制过渡,标准也由单一的强制性标准体制向强制性与推荐性相结合的标准体制过渡,可以说是历史发展的必然。但受长期计划经济的影响,此期间批准的标准,绝大部分定为强制性标准,并未按照《标准化法》严格界定强制性标准的范畴和内容。我国现行的各类工程建设强制性标准约 2700 项占工程建设标准总量的 75%,与房屋建筑有关的有 750 项之多,需要执行的强制性条文超过了 15 万条,强制性的技术要求覆盖房屋建筑的各个环节。如此众多的强制性内容,要么使人们对强制性标准讳莫如深,要么使人们感到"法不责众"而不严格执行有关要求。

从工程建设强制性标准的现状和具体内容来看,由于历史原因,现行标准的强制性,只是根据标准的适用范围和标准对建设工程质量或安全的影响程度,按照标准项目而划分的,并没有从内容上进行区分。现行的工程建设强制性标准,并非实质意义上的、完全符合《标准化法》规定的强制性标准,标准中的技术要求,不仅仅是涉及建设工程安全、人体健康、环境保护和公众利益方面的技术要求,而且更大量的是属于正常情况下技术人员应当做的、属于手册、指南等方面的技术要求,如果不加区分地要求在实际工作中予以严格执行,不可能达到政府控制工程质量的目的。总体来看,工程建设强制性标准带来的现实问题,主要包括:

①非强制执行的技术要求也要强制执行。已经划分为强制性的标准规范,内容上还保留着大量的非强制执行的技术要求,随着我国法律、法规体系的不断完善,人们法律意识的不断增强以及对标准规范实施监督力度的进一步加强,这些非必要强制执行的技术要求,将在工程建设中得到严格的贯彻执行,在我国建设市场逐步开放的条件下,必然影响工程技术人员积极性和创造性的发挥,影响新技术、新材料、新工艺、新设备在工程建设中的推广应用。例如1998年三江水灾之后,国务院各有关部门曾按照总理的批示,组织制定和修订了28项工程建设标准规范,为推广应用土工合成材料奠定了基础,但是,在诸如屋面防水工程等其他可以应用土工合成材料的领域,由于《屋面防水工程技术规范》等相应的标准规范,在材料选择、设计方法、施工工艺等方面的要求没有得到及时修改,土工合成材料在这些领域的推广应用受到了限制。又如,在《住宅设计规范》中,规定了在阳台上应当设置晾晒衣物的设施,如果建设单位或设计者没有执行这条规定而受到处罚,确实难有心服口服之感,这类事件处罚多了只能使技术人员丧失创新的意识和信心。

②需要强制执行的技术要求得不到突出,难以严格贯彻落实,必然影响标准规范在保障工程建设质量、安全方面作用的充分发挥。这方面的问题目前已经反映出来了,建设部1999年开展的工程质量大检查,其重点就是住宅工程的地基基础、结构安全方面强制性标准规范的执行情况,采取"拉网式"检查,由于涉及的标准规范内容庞杂,也只能是有选择地按照检查大纲,对部分重点内容进行检查。

③加大了工程建设技术人员了解和掌握标准规范的难度。标准强制性与推荐性体制建立的过程,实际上是标准项目和标准内容都在发生变化的过程。在这个过程中,需要工程技术人员特别关注标准规范的动态,随时了解和掌握标准规范法律属性和内容变化的情况,这个过程越长,掌握和执行的难度也就越大。编制《强制性条文》的目的就是为了贯彻落实《建设工程质量管理条例》,强化工程建设标准的实施与监督。

④逐步建立与完善的市场经济时期。从1994年起,我国开始逐步建立和完善社会主义市场经济体制,即宏观经济体制由有计划的商品经济体制向社会主义市场经济体制的转换。市场经济,其核心是竞争机制。国家行政主管部门仅

对产品、建设工程的特性及验收要求制定标准,即技术法规,控制产品的成品质量,满足法定规定的各项功能要求,而生产过程的技术条件及措施,行政部门不作强制规定,即体现了在技术领域内实行开放政策,行政部门不介入。我国实行开放政策,经济体制转为社会主义市场经济,并日益深化完善,必然将促进竞争机制日益发展。马克思主义的观点认为,在社会的变革中,生产力是最活跃的因素,促进生产力发展的动力是科学技术,因此,对生产技术不应该强制约束,而应该是开放性的。国际上经济发达国家之所以经济发展快速,就在于对技术市场赋予竞争机制,行政部门仅止于宏观控制和疏导,并不具体干预、控制,否则只能阻滞技术发展。

伴随着经济体制改革,政府职能也同时在转变,已逐步从政府包办一切转为宏观调控。对关系国家和公众利益的建设工程的质量与安全问题,是政府重点监控的对象。在讲求依法行政的今天,工程建设标准势必成为各级政府对工程质量、安全进行监督管理的重要技术依据。面对如此众多和内容庞杂的强制性标准,政府部门要面面俱到地监控每一个环节是根本不可能的。2000 年 1 月,国务院《建设工程质量管理条例》的出台,对在我国社会主义市场经济条件下建立新的建设工程质量管理制度的一系列重大问题,作出了明确规定。其中,建设市场主体实施工程建设强制性标准的责任、义务、处罚措施,以及政府主管部门对实施工程建设强制性标准监督的规定,具体而严格。不执行工程建设强制性标准就是违反《建设工程质量管理条例》,就要给予相应的处罚,这些要求是迄今为止国家对不执行强制性标准所作出的最为严厉的规定。但与此同时,将强制性标准作为建设工程活动各方主体必须遵循的基本依据,也使现有工程建设标准体制与市场经济体制间的矛盾日益突出和激化。改革工程建设标准的体制已势在必行。

正是由于工程建设标准存在的这些问题,造成了标准的实施,尤其是监督管理重点不突出、缺乏可操作性,实施监督的方式、方法、组织管理等都难以落实。

(2)《强制性条文》是建设工程质量管理工作的需要

随着各级领导对工程质量管理工作的高度重视,单纯依靠行政手段管理质量问题已远远不能适应形势的需要,规范、监督对建设工程质量有决定性作用的工程技术活动,显得日趋重要:充分发挥行政法规和技术标准两方面的作用,二者相辅相成,共同规范监督建设活动中的市场行为与技术行为,从而保证建设工程质量、安全。建设部在 1999 年的工程质量大检查中,首次将是否执行现行强制性标准列为重要内容之一。虽然当时仅是针对房屋建筑的结构和基础两部分的质量问题进行检查,但为了使检查工作顺利进行,不得不临时组织有关专家,依据相应的强制性标准,提炼、摘录出与质量安全直接相关的条文,编成《质量检查要点》以供检查之用。此时的《质量检查要点》可以说相当于现在的强制性条文的雏形，也是工程建设标准化为适应质量管理工作的需要而迈出的探索性的一步。《建设工程质量管理条例》促使这种探索不得不加快进程，确保有关规定贯彻落实，并真正体现条例处罚的目的，做到重点突出、要求明确、处罚得当、处罚到位，因此，必须把现行标准中的强制性条款抽出来，形成《强制性条文》。就在《条例》出台4个月后，经过150余名专家10余天夜以继日的工作，2000年版强制性条文得以诞生。

(3)《强制性条文》是在现行法律构架内的权宜之策

上面已经谈到，工程建设标准体制必须要适应社会经济体制。为适应社会主义市场经济体制和国际形势的需要，1996年的《工程建设标准化"九五"工作纲要》中，就明确了需要研究建立工程建设技术法规和技术标准体制，以使我国的工程建设标准体制更好地适应开放政策和市场经济的深化发展。研究工作目前已取得一定成果，参照发达国家的先进经验，尽快建立我国的技术法规——技术标准相结合的工程建设标准体制，以满足市场经济和加入WTO的要求，成为工程建设标准化改革的首要任务。但从研究中我们也看到，任何国家的技术法规都不是孤立存在的，其密切依附于这一国家的法律构架之中，并由此产生相应的法律效力。《标准化法》作为我国技术立法的基本依据，其赋予了强制性标准的法律效力，在其未修改之前，工程建设标准体制改革，只能在其所规定的强制性标准与推荐性标准相结合的体制框架中进行。所以，《工程建设标准强制性条文》从其名称、产生过程、表达形式到批准发布程序，都基本遵照了标准的模式，并纳入了工程建设标准体系中，成为重要组成部分。所有这些，并不能有损于其标准化历史中里程碑的地位。随着其在规范市场和质量管理中所发挥的重要作用的日益体现，以及其自身的不断完善，完全可能成为真正意义上的、具有中国特色的"技术法规"，或成为将来"技术法规"的最重要基础。

2. 执行《工程建设标准强制性条文》应注意的问题

从2000年版的强制性条文发布至今，广大的工程技术及管理人员对其均有了不同程度的理解和掌握，但在执行的过程中，可能还会有各种疑惑。为了有助于大家能够在进一步深入理解的基础上，正确贯彻执行强制性条文和强制性标准，从而使自身的技术活动始终处于国家法律法规允许的范围内，根据部分反馈意见，提出以下几点执行《工程建设标准强制性条文》应当注意的问题：

(1)准确理解强制性条文与强制性标准的关系

目前的强制性条文仍是摘自相应的强制性标准，二者由此有着密不可分的联系。强制性条文和强制性标准同属工程建设标准化范畴，强制性条文应源于强制性标准，依据《标准化法》，二者在法律上具有相同的效力。但它们的目的、适用范围有所区别。

强制性条文是保证建设工程质量安全的必要技术条件,是为确保国家及公众利益,针对建设工程提出的最基本的技术要求,体现的是政府宏观调控的意志,是为政府部门进行建设工程质量监督检查提供的重要技术依据。在政府部门所组织的以强制性条文为依据的各项检查、审查中,对违反强制性条文规定者,无论其行为是否一定导致事故的发生,都将依据《建设工程质量管理条例》和81号部令的规定进行处罚。即平常所说的"事前查处"。

目前阶段所称的强制性标准包含3部分的标准:一部分是批准发布时未明确为强制性标准,但从不带"/"的编号可看出其为强制性标准;另一部分是批准发布时已明确为强制性标准的;还有一部分就是2000年后批准发布的,批准时虽然未明确其为强制性标准,但其中有必须严格执行的强制性条文(黑体字),编号也不带"/",此类标准也应视为强制性标准。

强制性标准是每个工程技术及管理人员在正常的技术活动中均应遵循的规则。强制性标准中的所有条文都是围绕某一范围的特定目标提出的技术要求或技术途径,这些技术要求或技术途径都是成熟可靠、切实可行的,工程技术人员应当根据标准条文中采用的严格程度不同的用词(如"必须"、"应"、"宜"、"可"等)去遵照执行。强制性标准更多体现了政府的技术指导性,在无充分理由且未经规定程序评定时,不得突破强制性标准的规定。当发生质量安全问题后,强制性标准将作为判定责任的依据。即"事后处理"。

(2)全面准确执行强制性条文和强制性标准的规定

广大工程技术人员应积极以现行工程建设标准为技术指导及技术依据,开展自己的技术活动。现行的工程建设技术标准已基本覆盖了工程建设的各个领域和各个环节,而且其中的技术要求或实现某一目标的技术途径都是有可靠基础和成熟应用经验,且切实可行的,在一定程度上体现着国家的技术经济政策。以往的经验已经说明,在建设工程勘察、设计、施工、监理和验收过程中严格执行国家现行标准,就能够保证工程的质量与安全。此外,认真学习和掌握强制性条文,不仅是质量监督管理人员,也是所有工程技术人员所必需的。这可以帮助我们准确把握技术活动的关键环节,从而确保自身的技术活动是在法律法规允许的范围内。但绝对不能把强制性条文视为保证工程质量的充分条件,亦即不能把强制性条文作为自身技术活动的唯一依据。

在此还要提请大家注意,无论强制性条文还是强制性标准,均有一定的时效性,是不断发展变化的。随着强制性标准制定、修订和发布,不仅要废止原有相应标准,其中的强制性条文也将补充、替代原有的强制性条文。如2002年版强制性条文发布实施后,又有新标准批准发布,这些标准中的强制性条文(黑体字)

就将补充(对新制定标准而言)或替代(对修订标准而言)2002 年版强制性条文，2002 年版强制性条文中的相应条文同时废止。所以，要执行强制性条文必须要将 2002 年版强制性条文与新批标准中的强制性条文对照合并使用，才能称得上全面、准确。从动态的意义上讲，2002 年版的强制性条文一经批准发布，可能在实施之前就已经是含有部分失效内容的版本了。这种问题的出现，也是源于强制性条文的产生方式及其与强制性标准间的密切联系。所以我们所说的现行强制性条文应该是 2002 年版和新批准标准中强制性条文的综合体。这是我们必须注意和面对的事实，标准所追求的先进性和法规所要求的稳定性，在目前形式的强制性条文中无法同时体现。这一问题的解决只能有待于今后工程建设标准体制的进一步改革。

另外，还有强制性条文自身存在的一些不足之处，因执行当中尚存在以下问题：

①由于强制性条文摘自各自的有机整体的强制性标准中，所以难免有断章取义之嫌，各强制性条文间的内在逻辑关联性不强。所以，在贯彻执行强制性条文时，必须在全面理解、掌握原强制性标准相关条文的基础上，准确把握强制性条文的实质。

②目前强制性条文仅摘自现行强制性标准，这一方面是由于法律效力有效延续的问题，但也造成现行强制性条文并不能覆盖工程建设领域的各个环节。一些推荐性标准所覆盖的领域、环节中可能也有直接涉及质量、安全、环保、人身健康和公众利益的技术要求。所以，作为工程技术人员，要确保工程质量安全，除必须严格执行强制性条文和强制性标准外，还应积极采用国家推荐性标准。

③要及时向《强制性条文》相应部分的管理委员会进行咨询和反馈信息。在《强制性条文》执行中，当遇到有争议的具体问题时，最好的办法是及时地向《强制性条文》相应部分的咨询委员会进行咨询，寻求帮助或确认。当《强制性条文》在实际执行中遇到困难或技术上处理不妥时，应当及时把有关的信息反馈给相应的咨询委员会，以便在修改《强制性条文》时处理，促使《强制性条文》的内容不断趋于合理。

④与不执行《强制性条文》的行为作斗争。执行《强制性条文》的规定，是参与建设活动各方的法定义务，遇到不按照《强制性条文》规定执行的情况时，一定要坚持原则，防止同流合污。既可以坚决拒绝，也可以向有关主管部门反映。

第六章 标准实施情况记录及评价

第一节 标准实施记录及评价类别与指标

一、施工项目标准实施情况记录

标准员对施工项目工程建设标准实施情况的记录,是反映标准执行的原始资料,是评价标准实施情况及改进的基本依据;也是相关监督方检查验收的依据。因此,标准实施记录应做到真实、全面、及时。

施工项目工程建设标准实施情况的记录形式,根据各地方规定及企业要求确定。记录资料除采用文字表格外,还可采用图片、录像等载体。一般可选择以下形式。

1. 工作日记

标准员按时间顺序每日记载施工现场有关标准实施的基本情况,主要问题及处理结果等,作为标准员的日常工作记录。

2. 专题记录

标准员专门对某项工作全过程的有关标准实施方面所做的完整记录。如标准员针对本项目所采用的新材料、新技术或新工艺,从技术论证、准用许可(备案)工艺验证、交底培训、现场控制和验收、效果评价和改进,最后形成企业标准的全面记录。专题记录也适用于项目的质量与安全的关键部位标准实施的重点控制,或重大质量安全事故分析处理。

3. 分门别类记录

一般可按施工项目施工顺序,分专业及分部分项工程类别,分别进行标准实施的检查记录。该形式也便于相关监督方的检查验收,较为常用。具体格式示例参见表6-1、表6-2。

表 6-1 砖砌体施工质量强制性条文执行记录表

单位工程名称		建设单位	
(子)分部工程		分项工程	
施工单位		项目经理	

强制性条文	检查要求	执行情况	相关资料
执行标准:《砌体工程施工质量验收规范》(GB 50203—2011)			
4.0.1 水泥使用	进场验收、使用情况	水泥品种、数量: 复验:	合格证编号: 复验报告编号:
5.2.1 砖和砂浆的强度	强度试验		砖试验报告编号: 砂浆试验报告编号:
5.2.3 砖砌体接槎	转角处、交接处和临时间断砌筑方式	方式:	检查记录编号:
8.2.1 钢筋	复验、使用	品种、规格: 安装	试验报告编号: 安装验收记录编号
8.2.2 构造柱混凝土	混凝土强度		试验报告编号:
10.0.4 冬期施工	材料	使用	检查记录编号:
执行标准:《砌筑砂浆配合比设计规程》(JGJ/T 98—2010)			
无	—	—	—

施工单位检查结论	质量员(标准员): 项目专业技术负责人: 年 月 日
监理单位检查结论	专业监理工程师: 年 月 日

表 6-2 扣件式钢管脚手架强制性条文执行记录表

单位工程名称		建设单位	
(子)分部工程		分项工程	
施工单位		项目经理	

强制性条文	检查要求	执行情况	相关资料
执行标准:《建筑施工钢管扣件脚手架安全技术规范》(JGJ 130—2011)			
3.4.2 可调托撑	受压承载力设计值、支托板厚	复验:	复验报告编号:

（续）

单位工程名称		建设单位	
执行标准：《建筑施工钢管扣件脚手架安全技术规范》（JGJ 130—2011）			
6.2.3　主节点	构造连接		检查记录编号：
6.3.3　脚手架立杆基础	高差构造	做法：	专项方案编号： 检查记录编号：
6.3.5　立杆接长	对接扣件连接		搭设验收记录编号：
6.4.4 及 6.6.5 开口型脚手架	连墙件、横向斜撑		专项方案编号： 检查记录编号
6.6.3　剪刀撑	设置		专项方案编号： 检查记录编号：
7.4.2 及 7.4.5 脚手架拆除	拆除、卸料		检查记录编号
8.1.4　扣件	质量	复验：	合格证编号： 复验报告编号：
9.0.1　搭设人员	架子工	验证、体检：	特种作业人员检查记录编号：
9.0.4　钢管	严禁打孔		检查记录编号
9.0.5 及 9.0.7 荷载	不得超载		专项方案编号： 检查记录编号：
9.0.13　在脚手架使用期间，严禁拆除的杆件	主节点处的纵、横向水平杆，纵、横向扫地杆；连墙件		检查记录编号：
9.0.14　脚手架基础下开挖	脚手架加固措施		专项方案编号： 检查记录编号：
施工单位检查结论	安全员（标准员）： 项目专业技术负责人： 　　　　　　　　年　月　日		
监理单位检查结论	专业监理工程师： 　　　　　　　　年　月　日		

二、标准实施评价的类别

根据工程建设领域的实施标准的特点，将工程建设标准实施评价分为标准实施状况、标准实施效果及科学性 3 类。其中，又将标准实施状况再分为推广标准状况和标准应用状况两类。进行评价类别划分主要考虑到评价的内容和通过评价反映出的问题存在着差别,开展标准实施状况评价,主要针对标准化管理机构和标准应用单位推动标准实施所开展的各项工作,目的是通过评价改进推动标准实施工作;开展标准实施效果评价,主要针对标准在工程建设中应用所取得的效果,为改进工程建设标准工作提供支撑;开展标准科学性评价主要针对标准内容的科学合理性,反映标准的质量和水平。

三、不同类别标准的实施评价重点与指标

在标准实施过程中,不同主体对标准实施的任务不同,工作性质有很大差别,为便于评价,需要对标准类别进行划分,选择适用的评价指标进行评价。

根据被评价标准的内容构成及其适用范围,工程建设标准可分为基础类、综合类和单项类标准。对基础类标准,一般只进行标准的实施状况和科学性评价,因为基础类标准具有特殊性,其一般不会产生直接的经济效益、社会效益和环境效益。对实施状况、科学性进行评价,基本能反映这类标准实施的基本情况。对综合类及单项类标准,应根据其适用范围所涉及的环节,按表 6-3 的规定确定其评价类别与指标。

表 6-3　综合类及单项类标准对应评价类别与指标

评价类别与指标　环节	实施状况评价		效果评价			科学性评价		
	推广标准状况	执行标准状况	经济效果	社会效果	环境效果	可操作性	协调性	先进性
规划	√	√	√	√	√	√	√	√
勘察	√	√	√	√	√	√	√	√
设计	√	√	√	√	√	√	√	√
施工	√	√	√	√	√	√	√	√
质量验收	√	√	—	√	√	√	√	√
管理	√	√	√	√	√	√	√	√
检验、鉴定、评价	√	√	—	√	√	√	√	√
运营维护、维修	√	√	√	√	√	√	√	√

注:"√"表示本指标适用于该环节的评价;
"—"表示本指标不适用于该环节的评价。

对于涉及质量验收和检验、鉴定、评价的工程建设标准或内容不评价经济效果,主要考虑到这两类标准实施过程中不能产生经济效果或产生的经济效果较小。经济效果是指技人和产出的比值,包括了物质的消耗和产出及劳动力的消耗,而质量验收和检验、鉴定、评价等类标准的主要内容是规定相关程序和指标,

例如,《混凝土结构工程施工质量验收规范》[GB 50204—2002(2011 版)],规定了混凝土结构工程施工质量验收的程序和方法以及反映混凝土结构实体质量的各项指标。实施这类标准,不会产生物质的消耗和产出,对于劳动力的消耗,只要开展质量验收和检验、鉴定、评价等项工作,劳动力消耗总是存在的,不会产生大的变化,在劳动力消耗方面也就不会产生经济效果,或者产生的经济效果很小。

对质量验收、管理和检验、鉴定、评价以及运营维护、维修等类工程建设标准或内容不评价环境效果,主要考虑这几类标准及相关标准对此规定的内容主要是规定程序、方法和相关指标,例如,《生活垃圾焚烧厂运行维护与安全技术规程》(CJJ 128—2009)规定了各设备、设施、环境检测等的运行管理、维护保养、安全操作的要求。不会产生物质消耗,也不会产生对环境产生影响的各种污染物,因此,对这类标准不评价其环境效果。

第二节　标准实施状况评价

一、标准实施状况评价的内容

标准的实施状况是指标准批准发布后一段时间内,各级建设行政主管部门、工程建设科研、规划、勘察、设计、施工、安装、监理、检测、评估、安全质量监督、施工图审查机构以及高等院校等相关单位实施标准的情况。考量、分析、研判标准的实施状况时,考虑在标准实施过程中,不同主体对标准实施的任务不同,工作性质有很大差别,为便于评价进行,将评价划分为标准推广状况评价和标准执行状况评价,最后通过综合各项评价指标的结果,得到标准实施评价状况等级。

标准员对施工项目建设标准的实施评价方法,一般采用单项评价的方法。主要评价内容包括:标准应用情况(主要指标为标准覆盖率或实施率)(见表6-4),标准实施效果(主要反映标准落实的效果)。

表 6-4　施工项目建设标准应用状况评价

标准应用状况	评价内容
单位应用标准状况	1. 是否将所评价的标准纳入到单位的质量管理体系中; 2. 所评价的标准在质量管理体系中是否"受控"; 3. 是否开展了相关的宣传、培训工作
标准在工程中应用状况	1. 实施率(覆盖率); 2. 在工程中是否能准确、有效应用
技术人员掌握标准状况	1. 技术人员是否掌握了所评价标准的内容; 2. 技术人员是否能准确应用所评价的标准

标准员在对标准应用情况评价可参照表 6-5 所列等级标准。

表 6-5　标准员在对标准应用情况评价

标准应用状况	评价等级	等级标准
单位应用标准状况	优	1. 所评价的标准已纳入单位的质量管理体系当中,并处于"受控"状态; 2. 单位采取多种措施积极宣传所评价的标准,并组织全部有关技术人员参加培训
	良	1. 所评价的标准已纳入单位的质量管理体系当中,并处于"受控"状态; 2. 单位组织部分有关技术人员参加培训
	中	1. 所评价的标准已纳入单位的质量管理体系当中; 2. 所评价的标准在质量管理体系中处于"受控"状态
	差	达不到"中"的要求
标准在工程中应用状况	优	1. 非强制性标准实施率达到 90% 以上,强制性标准达到 100%; 2. 在工程中能准确、有效使用
	良	1. 非强制性标准实施率达到 80% 以上,强制性标准达到 100%; 2. 在工程中能准确、有效使用
	中	非强制性标准实施率达到 60% 以上,强制性标准达到 100%
	差	达不到"中"的要求
技术人员掌握标准状况	优	相关技术人员熟练掌握了标准的内容,并能够准确应用
	良	相关技术人员掌握了标准的内容
	中	相关技术人员基本掌握了标准的内容
	差	达不到"中"的要求

注:对于有政策要求在工程中必须严格执行的工程建设标准,无论强制性还是非强制性实施率均应达到 100% 方能评为"中"及以上等级。对此类标准实施率达到 100% 并在工程中能准确、有效使用评为"优"。

标准的推广状况是指标准批准发布后,标准化管理机构为保证标准有效实施,进行的标准宣传、培训等活动以及标准出版发行等。

标准的执行状况是指标准批准发布后,工程建设各方应用标准、标准在工程中应用以及专业技术人员执行标准和专业技术人员对标准的掌握程度等方面的状况。

二、标准推广状况评价

根据工程建设标准化工作的相关规定,标准批准发布公告发布后,主管部门要通过网络、杂志等有关媒体及时向社会发布,各级住房城乡建设行政主管部门的标准化管理机构有计划地组织标准的宣贯和培训活动。同时,对于一些重要的标准,地方住房城乡建设行政主管部门根据管理的需要制定以标准为基础的管理措施,相关管理机构组织编写培训教材、宣贯材料,社会机构编写的在工程中使用的手册、指南、软件、图集等应将标准的要求纳入其中,这些措施将会有力推动标准的实施。因此,将这些推动标准实施的措施作为推广状况评价的指标。

对基础类标准,采用评价标准发布状况、标准发行状况两项指标评价推广标准状况。现行工程建设标准中,基础类标准大部分是术语、符号、制图、代码和分类等标准,通过标准发布状况和标准发行状况的评价即可反映标准的推广状况。

对单项类和综合类,应采用标准发布状况、标准发行状况、标准宣贯培训状况、管理制度要求、标准衍生物状况等 5 项指标评价推广标准状况。对于单项类和综合类标准,评价推广标准状况时,要综合评价各项推广措施,设置了标准发布状况、标准发行状况、标准宣贯培训状况、管理制度要求、标准衍生物状况等五项指标,对推广状况进行评价。

表 6-6 是各类标准评价指标中的评价内容,是制定评价工作方案、编制调查问卷和开展专家调查、实地调查的依据。

表 6-6 标准推广状况评价内容

指标	评价内容
标准发布状况	1. 是否面向社会在相关媒体刊登了标准发布的信息; 2. 是否及时发布了相关信息
标准发行状况	标准发行量比率(实际销售量/理论销售量)*
标准宣贯 培训状况	1. 工程建设标准化管理机构及相关部门、单位是否开展了标准宣贯活动; 2. 社会培训机构是否开展了以所评价的标准为主要内容的培训活动
管理制度要求	1. 所评价区域的政府是否制定了以标准为基础加强某方面管理的相关政策; 2. 所评价区域的政府是否制定了促进标准实施的相关措施
标准衍生物状况	是否有与标准实施相关的指南、手册、软件、图集等标准衍生物在评价区域内销售

注:* 理论销售量应根据标准的类别、性质,结合评价区域内使用标准的专业技术人员的数量估算得出。

评价标准发布状况是要评价工程建设标准化管理机构在有关媒体发布的标准批准发布的信息的情况,评价的内容包括工程建设国家标准、行业标准发布后,各省、自治区、直辖市住房城乡建设主管部门是否及时在有关媒体转发标准发布公告,以及采取其他方法发布信息,及时发布的时限不能超过标准实施的时间。

在管理制度要求中规定的"以标准为基础"是指,在所评价区域政府为加强某方面管理制定的政策、制度中,明确规定将相关单项标准或一组标准的作为履行职责或加强监督检查的依据。

在估算理论销售量时,评价区域内使用标准的专业技术人员的数量要主要以住房和城乡建设主管部门统计的数量为依据,根据标准的类别、性质进行折减,作为理论销售量,一般将折减系数确定为,基础标准0.2,通用标准0.8,专用标准0.6。统计实际销售量时,需调查所辖区域的全部标准销售书店,汇总各书店的销售数量,作为实际销售量。或者在收集评价资料时,通过调查取得数据。例如,评价某一设计规范,可以采用住房和城乡建设主管部门发布的相关专业技术人员的数量为基准,乘以折减系数定为理论销售量。当缺乏相关统计数据时,需选择典型单位进行专项调查,将所调查单位的相关专业技术人员的全部数量乘以折减系数作为理论销售量,所调查单位拥有的所评价标准的全部数量作为实际销售量。

三、标准执行状况评价

执行标准状况采用单位应用状况、工程应用状况、技术人员掌握标准状况等三项指标进行评价,评价内容见表6-7。

表6-7　标准执行状况评价内容

标准应用状况	评价内容
单位应用状况	1. 是否将所评价的标准纳入到单位的质量管理体系中; 2. 所评价的标准在质量管理体系中是否"受控"; 3. 是否开展了相关的宣贯、培训工作
工程应用状况	1. 执行率*; 2. 在工程中是否能准确、有效应用
技术人员掌握标准状况	1. 技术人员是否掌握了所评价标准的内容; 2. 技术人员是否能准确应用所评价的标准

注:* 执行率是指被调查单位自所评价的标准实施之后所承担的项目中,应用了所评价的标准的项目数量与所评价标准适用的项目数量的比值。

单位应用标准状况中,"质量管理体系"泛指企业的各项技术、质量管理制度、措施的集合。进行单位应用标准状况评价时,要求标准作为单位管理制度、措施的一项内容,或者相关管理制度、措施明确保障该项标准的有效实施。"受控"是指单位通过ISO9000质量管理体系认证,所评价的标准是受控文件。标准的宣贯、培训包括了被评价单位派技术人员参加主管部门和社会培训机构开展的宣贯培训、继续教育培训和本单位组织开展的相关培训。

评价工程应用状况,首先,要判定所评价标准的适用范围。其次,梳理被调查的单位应使用所评价标准开展的工程设计、施工、监理项目及相关管理工作范围,然后利用抽样调查、实地调查的方法对该指标进行调查、评价。

标准执行率指所调查的适用所评价标准的项目中,应用了所评价标准的项目所占的比率。例如评价《混凝土结构设计规范》时,统计被调查单位所承担的项目中适用《混凝土结构设计规范》的项目总数量作为基数,再分别统计所适用的项目中全面执行了《混凝土结构设计规范》中强制性条文的项目总数量,和全面执行了非强制性条文的项目总数量,与项目总数量的比值作为执行率。

第三节　标准实施效果及科学性评价

一、标准实施效果评价

工程建设标准化的目的是促进最佳社会效益、经济效益、环境效益和获得最佳资源、能源使用效率,因此,在标准实施效果评价中设置经济效果、社会效果、环境效果等 3 个指标,使得标准的实施效果体现在具体某一(经济效果、社会效果、环境效果)因素的控制上。评价结果一般是可量化的,能用数据的方式表达的,也可以是对实施自身、现状等进行比较,即也可以是不可量化的效果。

评价综合类标准实施效果时,要考虑标准实施后对规划、勘察、设计、施工、运行等工程建设全过程各个环节的影响,分别进行分析,综合评估标准的实施效果。

标准员在对标准实施效果评价内容可参照表 6-8,标准实施效果评价等级标准可参照表 6-9。

表 6-8　实施效果评价内容

指标	评 价 内 容
经济效果	1. 是否有利于节约材料; 2. 是否有利于提高生产效率; 3. 是否有利于降低成本
社会效果	1. 是否对工程质量和安全产生影响; 2. 是否对施工过程安全生产产生影响; 3. 是否对技术进步产生影响; 4. 是否对人身健康产生影响; 5. 是否对公众利益产生影响
环境效果	1. 是否有利于能源资源节约; 2. 足否有利于能源资源合理利用; 3. 是否有利于生态环境保护

表 6-9 标准实施效果评价等级标准

标准实施效果	评价等级	等级标准
经济效果	优	标准实施后对于节约材料、提高生产效率、降低成本至少两项产生有利的影响,其余一项没有影响
	良	标准实施后对于节约材料、提高生产效率、降低成本其中一项产生有利的影响,其他没有不利影响
	中	标准实施后对于节约材料、提高生产效率、降低成本没有影响
	差	标准实施后造成了浪费材料、降低生产效率及提高成本等不利后果
社会效果	优	标准实施后对于工程质量和安全、安全生产、技术进步、人身健康及公众利益等至少三项产生有利的影响,其他项目没有影响;或者对其中两项产生较大的积极影响,其他项目没有影响
	良	标准实施后对于工程质量和安全、安全生产、技术进步、人身健康及公众利益等至少两项产生有利的影响,其他项目没有影响;或者对其中一项产生较大的积极影响,其他项目没有影响
	中	标准实施后对于工程质量和安全、安全生产、技术进步、人身健康及公众利益没有产生影响
	差	标准实施后对于工程质量和安全、安全生产、技术进步、人身健康及公众利益产生负面影响
环境效果	优	标准实施后对于能源资源节约、能源资源合理利用和生态环境保护等其中至少两项产生有利的影响,其他没有影响
	良	标准实施后对于能源资源节约、能源资源合理利用和生态环境保护等其中一项产生有利的影响,其他没有影响
	中	标准实施后对于能源资源节约、能源资源合理利用和生态环境保护没有影响
	差	标准实施后产生了能源资源浪费、破坏生态环境等影响

在评价实施效果的各项指标时,可采用对比的方式进行评价,首先要详细分析所评价标准中规定的各项技术方法和指标,再针对本条规定各项评价内容,将标准实施后的效果与实施前进行对比分析,确定所取得的效果,其中,新制定的标准,要分析标准"有"和"无"两种情况对比所取得的效果,经过修订的标准,要分析标准修订前后对比所取得的效果。

工程建设标准作为工程建设活动的技术依据,规定了工程建设的技术方法和保证建设工程可靠性的各项指标要求,是技术、经济、管理水平的综合体现。

由于一项标准仅仅规定了工程建设过程中部分环节的技术要求，实施后所产生的效果有一定的局限性，同时，标准也是一把"双刃剑"，方法和指标规定的不合理，会造成浪费、增加成本、影响环境，因此在确定评价结果中应当考虑单项标准的局限性和标准的"双刃剑"作用。

二、标准科学性评价

标准的科学性是衡量标准满足工程建设技术需求程度，首先应包括标准对国家法律、法规、政策的适合性，在纯技术层面还包括标准的可操作性、与相关标准的协调性和标准本身的技术先进性。

建设工程关系到社会生产经营活动的正常运行，也关系到人民生命财产安全。建设工程要消耗大量的资源，直接影响到环境保护、生态平衡和国民经济的可持续发展。建设工程中要使用大量的产品作为建设的原材料、构件及设备等，工程建设标准必须对它们的性能、质量作出规定，以满足建设工程的规划、设计、建造和使用的要求；同时，建设工程在规划、设计、建造、维护过程中也需要应用大量的设计技术、建造技术、施工工艺、维护技术等，工程建设标准也需要对这些技术的应用提出要求或作出规定，保证这些技术的合理应用。

工程建设标准的科学性评价就是要在以上这些方面进行衡量。在国家政策层面，对社会公共安全、人民生命安全与身体健康、生态环境保护、节能与节约资源等方面都有相应要求，标准的规定应适合这些要求。

为使建设工程满足国家政策要求，满足社会生产、服务、经营以及生活的需要，工程建设标准的规定应该是明确的，能够在工程中得到具体、有效的执行落实，同时也符合我国的实际情况，所提出的指导性原则、技术方法等应该是经过实践证明可行的。

每一项工程建设标准都在标准体系中占有一定的地位，起着一定的作用，一般都是需要有相关标准配合使用或者是其他标准实施的相关支持性标准。因此，标准都不是独立的，而是相互关联的，标准之间需要协调。

由于社会在进步、技术在不断发展、产品在不断更新，建设工程随着发展也需要实现更高的目标、更高的要求、达到更好的效果，更节约资源、降低造价，这样就需要成熟的先进技术、先进的工艺、性能良好的产品应用到工程建设中，标准需要及时地做出调整。所以，标准需要适应新的需求，能够应用新技术、新产品、新工艺。同时，标准的体系、每一项标准的框架也需要实时进行调整，满足不断变化的工程需求。

基于以上的分析，基础类标准的科学性评价内容见表6-10，单项类和综合类标准的科学性评价内容见表6-11。

表 6-10　基础类标准科学性评价内容

指标	评 价 内 容
科学性	1. 标准内容是否得到行业的广泛认同、达成共识； 2. 标准是否满足其他标准和相关使用的需求； 3. 标准内容是否清晰合理、条文严谨准确、简炼易懂； 4. 标准是否与其他基础类标准相协调

表 6-11　单项类和综合类标准科学性评价内容

指标	评 价 内 容
可操作性	1. 标准中规定的指标和方法是否科学合理； 2. 标准条文是否严谨、准确、容易把握； 3. 标准在工程中应用是否方便、可行
协调性	1. 标准内容是否符合国家政策的规定； 2. 标准内容是否与同级标准不协调； 3. 行业标准、地方标准是否与上级标准不协调
先进性	1. 是否符合国家的技术经济政策； 2. 标准是否采用了可靠的先进技术或适用科研成果； 3. 与国际标准或国外先进标准相比是否达到先进的水平

　　工程建设标准体系中,基础类标准主要规定术语、符号、制图等方面的要求,对基础类标准要求协调、统一,并得到广泛的认同,条文要简练、严谨,满足使用要求,因此,评价基础类标准的科学性,要突出标准的特点,评价时对各项规定要逐一进行评价。

　　综合类标准需要将所涉及每个环节的可操作性、协调性、先进性分别进行评价,再综合确定所评价标准的科学性。

　　进行标准科学性评价时,要广泛调查国家相关法律法规、政策和标准,要将所评价标准的各项指标要求和技术规定按照评价内容的要求逐一分析,再综合分析结果,对照划分标准确定评价结果。

第七章　标准化信息管理

第一节　标准化信息管理的要求

一、标准化信息管理的范围及任务

1. 标准化信息管理的范围

标准化信息管理,就是对标准文件及相关的信息资料进行有组织、及时系统的搜集、加工、储存、分析、传递和研究,并提供服务的一系列活动。管理的信息范围主要包括:

(1)国家和地方有关标准化法律、法规、规章和规范性文件;

(2)有关国家标准、行业标准、地方标准,以及国外、国际标准;

(3)企业生产、经营、管理等方面有效的各种标准文本;

(4)相关出版物,包括手册、指南、软件等;

(5)相关资料,包括标准化期刊、管理资料、统计资料。

2. 标准化信息管理的任务

(1)建立广泛而稳定的信息收集渠道

首先要确定本企业所需要的标准化信息的范围和对象,然后再考虑建立收集渠道。目前,标准化信息的发布、出版、发行的部门和单位是明确、固定的,企业可根据标准发布公告,标准目录或出版信息,也可以依据标准化机构的网站信息,掌握标准化的动态信息。同时,标准化管理机构一般都在固定的刊物上公告标准的发布、修订、局部修订的有关信息,标准出版单位也会定期发布标准化各种信息。企业可与标准化管理部门、标准出版单位、标准化社团机构建立标准化信息收集关系。

(2)及时了解并收集有关的标准发布、实施、修订和废止信息

国家标准发布后,会在相关媒体上发布公告,并有半年以上的时间正式实施,对于重要的标准还会举办宣贯培训活动,这段时间企业要注意收集相关信息,及时评估所发布的标准与企业生产经营的关系,对于相关的标准要积极参加相关宣贯培训活动。修订的标准,一般要列入年度标准制修订计划,企业也可从

计划中了解相关信息。标准局部修订、废止的信息,标准化管理机构会在相关期刊上刊登,企业要订阅相关的期刊。

(3)对于收集到的信息进行登记、整体、分类,及时传递给有关部门。

对标准化信息进行登记、整理、分类、发放等工作要按照以下要求进行:

1)标准资料的登记

企业或项目部要建立资料簿,收集来的标准资料首先进行登记,登记时在资料簿上注明资料名称、日期、编号、来源、内容。标准资料显著位置标注已登记的信息。

2)标准资料整理

对登记后的标准资料要对照企业或项目部实施的标准资料目录进行整理,对于新发布的标准,及时纳入到相关目录当中,对于修订的标准,要在目录中替代原标准,局部修订的公告,要在修订的标准中注明,以确保标准信息资料信息的完整、准确和有效。其他标准信息资料要按照资料的类别和用途分别整理。

3)标准信息资料要及时发放给有关部门

标准资料整理好后,信息管理人员要及时通知有关部门和人员。企业有相关规定的,要按照相关规定将标准资料发放给相关人员。

4)实现标准化信息的计算机管理

借助计算机对标准信息资料进行采集、加工、存储、传递和查询,是企业标准化信息管理的进步,可以改进标准化信息的管理水平,方便使用,并能提高利用率。有条件的企业应尽快实现计算机管理。

二、标准化信息发布的主要网站和期刊

目前刊登工程建设标准信息和相关产品标准信息的网站和期刊主要有:

(1)国家工程建设标准化信息网(www. ccsn. gov. cn)

该网站的信息包括了标准公告、标准制修订年度计划、标准征求意见等。

(2)《工程建设标准化》期刊

该期刊刊登了标准局部修订公告、标准公告、年度标准发布的汇总目录等。

(3)国家标准化管理委员会网站(www. sac. gov. cn)

该网站主要是发布产品标准的信息。

另外,还有住房和城乡建设部网站、国务院有关部门的网站、各地住房和城乡建设主管部门网站等政府门户网站,以及中国计划出版社、中国建筑工业出版社、中国质检出版社等出版发行单位的网站。

第二节 标准文献分类

一、中国标准文献分类法(简称 CCS)

CCS 是由我国标准化管理部门根据我国标准化工作的实际需要,结合标准文献的特点编制的一部专门用于标准文献的分类法。CCS 的分类体系原则上由二级组成,即一级类目和二级类目。一级主类的设置以专业划分为主,共设24 个大类,分别用英文大写字母来表示。

24 个大类表示符号及其序列如下:

(1)A 综合

(2)B 农业、林业

(3)C 医药、卫生、劳动保护

(4)D 矿业

(5)E 石油

(6)F 能源、核技术

(7)G 化工

(8)H 冶金

(9)J 机械

(10)K 电工

(11)L 电子元器件与信息技术

(12)M 通信、广播

(13)N 仪器、仪表

(14)P 工程建设

(15)Q 建材

(16)R 公路、水路运输

(17)S 铁路

(18)T 车辆

(19)U 船舶

(20)V 航空、航天

(21)W 纺织

(22)X 食品

(23)Y 轻工、文化和生活用品

(24)Z 环境保护

二级类目采用双位数字表示。每一个一级主类包含有由 00～99 共 100 个二级类目。二级类目之间的逻辑划分,用分面标识加以区分。分面标识所概括的二级类目不限于 10 个,这样既限定了二级类目的专业范围,又弥补了由于采用双位数字的编列方法而使类目等级概念不胜枚举的缺点。

分面标识是用来说明一组二级类目的专业范围,不作分类标识,其形式如下:

一级类目标识符号:W 纺织(一级类目名称)

分面标识:W10/19 棉纺织(分面标识名称)

分面标识所属内容:10 棉纺织综合

　　　　　　　　　11 棉半成品

　　　　　　　　　12 面纱、线

　　　　　　　　　13 棉布

二级类目设置采用非严格的等级制,以便充分利用类号和保持各类文献量的相对平衡。

类目的标记符号采用拉丁字母与阿拉伯数字相结合的方式,拉丁字母表示一个大类(专业)用两个数字表示类目。例如

B 农业、林业

B00/99 农业、林业综合

B00 标准化、质量管理

B01 技术管理

B02 经济管理

二、国际标准分类法(简称 ICS)

ICS 是由国际标准化组织(ISO/IEC)编制的标准文献分类法,它主要用于国际标准、区域标准和国家标准以及相关标准化文献分类、编目、订购与建库,促进标准以及其他文献在世界范围内传播。

ICS 是一部数字等级制分类法,根据标准化活动与标准文献的特点,类目的设置以专业划分为主,适当结合科学分类。为谋求科学、简便、灵活、适用,分类体系原则上由三级组成。一级类按标准化所涉及的专业领域划分,设 41 个大类。大类采取从总到分、从一般到具体的逻辑序列。

对于无专属而又具有广泛指导意义的标准文献,如综合性基础标准、名词术语、量与单位、图形符号、通用技术等,设“01 综合、术语、标准化、文献”大类,列于首位,以解决共性集中的问题。对各类中有关环境保护、卫生、安全方面的标准文献,采取了相对集中列类的方法,设“13 环境保护与卫生、安全”大类。

各级类目的设置和划分以标准文献数量为基础,力求使各类目容纳的标准数量相互间保持相对平衡,并留有适当的发展余地。标准文献量大、涉及面广的类目,采取划分为若干个专业类的办法,如轻工业,按需要划分为"59 纺织与制革技术""61 服装工业""67 食品技术""85 造纸技术"等大类。

按照上述划分原则,将 41 个大类(一级类)再分为 351 个二级类。在 351 个二级类中,有 127 个被进一步细分成三级类。

ICS 各级类目均采用纯阿拉伯数字作为标识符号,即每一大类以两位数字表示;二级类以三位数字表示;三级类以两位数字表示。为了醒目与易读,各级类号之间用一个小圆点隔开。例如

43 道路车辆工程

43.040 道路车辆系统

43.040.20 照明与信号设备

(一、二、三级)(一、二、三级)

类目标识符号(类号)类目名称(类名)

使用 ICS 分类法进行分类标引时,一个标准可以标注一个 ICS 分类号,也有的标准可以注一个、两个或更多的 ICS 类号,就是说,一个标准可以同时入两个或更多的二级类或三级类。例如《ISO3477:1981 聚丙烯管与配件·密度·测定与规范》可入两个二级类:

23.020.20 塑料管

23.020.45 塑料配件

三、工程建设标准分类

党的十一届三中全会以后,我国开展了大规模经济建设,每年基本建设投资达数百亿元以上,但是工程建设标准化工作没有跟上实际工作的需要,为此,原国家计委标准定额局于 1983 年决定编制全国工程建设标准体系表,并于 1984 年提出了《全国工程建设体系表》。在编制体系表时,如何对工程建设进行分类,是一个十分重要而复杂的问题。工程建设标准化工作中常用的集中分类方法只是针对某一已存在的工程建设标准,根据其使用对象、作用、性质等进行的分类,对于尚不存在的标准,尤其是需要分析将来可能出现的标准时那些分类方法则显得过于宏观,因此对于体系表需要有其独特的分类方法。1984 全国工程建设标准体系表的分类方法可资参考。

在编制 1984 全国工程建设标准体系表初期,就体系表的分类方法主要由两大争论意见,一是国务院有关部门希望全国工程建设标准体系表,分不同行业将每个行业所需的工程建设标准独立地作为一个分体系表列入全国体系表中,这

种分类意见的优点在于全国工程建设标准体系表可以直接用于指导各行业标准和国家标准的制定、修订和管理工作。缺点很突出表现在全国工程建设标准体系表只是各行业标准的总汇必然造成标准内容的大量重复。二是打破管理界限按专业进行分类,例如:房屋建筑专业,不论属于哪个行业的房屋建筑标准均列入一个分体系表中,按照每一项标准的作用、地位等确定其在分体系表中的位置,从而能够比较准确地界定出它的内容。同样根据专业的内涵也可以准确地预见出应当制订的标准名称且应防止体系表漏项,保证体系表在结构合理、每项标准分工明确的前提下,做到内容完整。第二种分类意见是比较科学合理的,揭示了标准体系表分类的必然规律,对工程建设的行业标准体系表和工程建设的企业标准体系表的编制无论在内容、还是在方法上都具有普遍的指导意义。据此工程建设标准体系表共划分出 24 个专业类别,具体专业类别划分如下:

(1)规划类。包括城市建设规划,工业、交通、运输工程建设规划规划,江河流域建设规划,住宅小区规划等;

(2)工程勘察类。包括资源勘探、工程地质、水文地质、工程测量、物理勘探等;

(3)房屋建筑类。包括建筑设计、建筑热工、建筑采光照明、建筑声学和隔振、建筑装修、建筑防水及防护、固定家具及设备等;

(4)岩土工程类。包括岩土工程、土方及爆破工程、地基基础工程等;

(5)工程结构类。包括荷载及房屋结构、水土结构、工业构筑物结构、桥隧结构等;

(6)工程防灾类。包括工程抗震、工程防火、工程防爆、工程防洪等;

(7)工程鉴定与加固类。包括古建筑的鉴定与加固、民用建筑的鉴定与加固、工业建筑的鉴定与加固等;

(8)工程安全类。包括建筑施工安全、工程施工安全、建筑电气安全等;

(9)卫生与环境保护类。它是指结合专业对卫生和环境保护所做的规定,属于大空间、大范围控制的卫生与环境保护标准,不属于工程建设的范畴。一般包括工程防护、"三废治理"、工程防噪、防尘等;

(10)给水排水类。包括给水水源和取水、水的处理,给水输配和废水汇集,水厂和污水处理、建筑给水、市政给水、建筑排水、工程给排水、废水再用等;

(11)供热与供气类。包括采暖、通风、空气调节、煤气、热力、制冷工程等;

(12)广播、电视、通讯类。包括广播电视的播控、传送和发送、天线、收信监测、有线广播电视系统等;长途通讯、市内通信、邮政和无线通信等。

(13)自动化控制工程类。包括自动化仪表、自动化系统、自动控制设备等;

(14)总图储运类。包括总图设计、工业运输、索道运输、仓储工程等;

(15)运输工程类。包括铁道工程、道路工程、水运工程、机场工程、地铁工程等；

(16)水利工程类。包括水利灌溉工程、防洪工程、水电工程、堤坝工程等；

(17)电气工程类。包括火力发电、水力发电、风力发电、核力发电等的电力系统、送电、变配电、电力设施等；

(18)矿业工程类。包括煤炭矿山、冶金矿山、非金属矿山等的建设；

(19)工业炉窑类。包括冶金、建筑材料等的炉窑建设；

(20)工业管道类。包括各类工业管道、长距离输送管道等；

(21)工业设备类。包括各类工业设备,如冶金轧钢设备的安装等；

(22)工业工艺类。包括各类工艺的生产工艺、工艺系统等；

(23)工程焊接类。包括工程结构焊接、管道焊接、设备焊接等；

(24)其他类。包括上述23类之外的全部类别。

目前,住房和城乡建设部组织按专业工程领域编制标准体系,与建筑、市政工程相关的是城乡规划、房屋建筑和城镇建设等3个部分的标准体系,每个领域内按专业再进行分类。